KB135659

논문작성을 위한

# R 통계분석

쉽게 배우기

논문작성을 위한
R 통계분석 쉽게 배우기

**펴낸날** | 2016년 3월 10일 초판 1쇄
2018년 8월 24일 초판 2쇄
**지은이** | 유성모
**만들어 펴낸이** | 정우진 강진영
**펴낸곳** | 서울시 마포구 토정로 222 한국출판콘텐츠센터 420호
**편집부** | (02) 3272-8863
**영업부** | (02) 3272-8865
**팩　스** | (02) 717-7725
**홈페이지** | www.bullsbook.co.kr
**이메일** | bullsbook@hanmail.net
**등　록** | 제22-243호(2000년 9월 18일)

황소걸음
아카데미
Slow & Steady

ISBN 979-11-86821-03-9 93310

교재 검토용 도서의 증정을 원하시는 교수님은
출판사 홈페이지에 글을 남겨 주시면 검토 후 책을 보내드리겠습니다.

이 도서의 국립중앙도서관 출판시도서목록(CIP)은 서지정보유통지원시스템 홈페이지(http://seoji.nl.go.kr)와
국가자료공동목록시스템(http://www.nl.go.kr/kolisnet)에서 이용하실 수 있습니다.
(CIP제어번호: CIP2016005379)

# 논문작성을 위한 R 통계분석 쉽게 배우기

유성모 지음

황소걸음
아카데미
Slow & Steady

# 머리말
Preface

실증기반 연구를 수행하기 위해서는 SAS, SPSS, AMOS, Minitab, STATA 등 통계 패키지의 사용이 절대적이다. 아울러 열악한 연구 여건으로 인하여 통계 패키지에 대한 연간 사용료를 지불하는 것이 부담이 되는 연구자가 존재하는 것 또한 엄연한 사실이다.

최근 통계 패키지와 관련된 전 세계적인 흐름 중의 하나가 R-언어를 사용하는 것이다. R-언어의 최대 장점은 무료이면서 대부분의 통계분석 방법이 누구에게나 공개되어 있다는 것이다. 이는 실로 열악한 연구 여건으로 어려움을 겪고 있는 국내 연구자들과 현장 분석가들에게는 커다란 복음이라고 볼 수 있다.

이 책은 실증기반 연구를 토대로 학술논문이나 분석 보고서를 작성하기 위해서 연간 사용료를 내야 하는 유료 통계 패키지 사용에 어려움을 겪고 있는 연구자를 위한 R-통계분석 지침서이다. 이 책의 많은 부분은 SPSS-통계분석을 다룬 ≪논문작성을 위한 SPSS 통계분석 쉽게 배우기≫와 ≪논문작성을 위한 SPSS 실전 통계분석: 매개효과, 조절효과, 위계적 회귀분석을 중심으로≫의 내용과 개념적인 면에서 겹친다.

이 책은 실증기반 연구를 진행하는 연구자를 위한 R-통계분석 안내서로서, 내용 기술의 원칙은 다음과 같다.

첫째, 통계모형을 비롯한 수학적인 기호 및 수식에 익숙하지 않은 연구자들을 위하여 수학적인 기호는 가급적 자제한다. 둘째, 통계분석모형 위주의 기술이 아닌 연구자가 일반적으로 접하는 연구문제 중심으로 기술한다. 셋째, R 출력결과에 대한 해석과 이를 이용하여 논문작성을 할 수 있는 실질적인 내용을 기술한다.

위와 같은 원칙에 입각하여 이 책을 집필하였다. 1장 [시작하기]에서는 R-언어에 대한 소개와 무료 설치 방법, 통계 기초 개념과 예제 데이터에 대한 설명, 일반적인 연구자의 관심 내용을 기술하였다. 2, 3장 [기초 분석]에서는 연구자의 연구문제를 토대로 일표본 검정, 이표본 검정, 정규성 검정, 비모수 검정, 변수변환, 상관분석, 분산분석, 회귀분석, 공분산분석, 위계적 회귀분석, 최적모형 탐색, 동질성 검정, 척도분석, 경로분석을 다루었다. 4장 [응용 분석]에서는 매개효과 분석과 조절효과 분석을 다루었다. 5장 [실전 분석]에서는 실습예제를 토대로 기초적인 분석방법을 연구자가 실습할 수 있도록 실습문제를 예시하고 그에 대한 분석방법과 출력결과를 해석하는 방법, 그리고 그 출력결과를 활용하여 논문을 작성하는 방법에 대하여 기술하였다.

이 책이 세상에 나올 수 있었던 것은 본인의 졸작인 SPSS-통계분석 관련 서적 두 권에 대한 희망적인 반응을 주면서 최근 국내 실증기반 연구 관련 출판계의 흐름을 토대로 R-언어 관련 통계 서적의 저술을 강력하게 권유한 황소걸음아카데미 강진영 부장님의 절대적인 역할이 있었기 때문에 가능하였다. 아울러 이 책의 실습예제에서 사용한 데이터는 저자가 근무하고 있는 국제뇌교육종합대학원대학교 뇌교육학과 이승주 박사의 박사학위 청구논문에서 사용된 데이터이다. 이 데이터를 사용할 수 있도록 허락한 이승주 박사에게도 감사를 드린다. 마지막으로 번거로운 편집 작업을 꼼꼼하게 해주신 편집자에게도 깊은 감사를 드린다.

아무쪼록 이 책이 실증 데이터를 기반으로 한 과학적인 연구를 진행하는 석박사 과정의 대학원생, 연구원, 통계학을 전공하지 않은 학문 분야의 교수님들에게 도움이 되어 관련 학문 분야의 과학성에 기여할 수 있기를 희망한다. 아울러 단기간에 책을 집필하다 보니 미처 고려치 못한 오류가 있을 수 있으며, 그 모든 것은 저자의 불찰이며, 발전을 위한 독자의 피드백을 진심으로 기대한다.

2016년 2월 1일

유성모

차례
Contents


1장 시작하기 11

01 R-언어 소개 및 설치 12
1. R-Language 역사 12
2. R-Language 설치하기 13
3. 데이터 불러오기 15
1) Excel로 데이터를 입력하여 저장하고 R로 읽어 들이는 방법 15
2) SPSS로 데이터를 입력하여 저장하고 R로 읽어 들이는 방법 17

02 기초 개념 및 예제 데이터 19
1. 논문작성을 위한 첫걸음 19
1.1 연구주제의 선정 19
1.2 연구가설과 연구모형 20
1) 문헌검토 20
2) 연구가설의 작성과 연구모형 21
3) 변수의 종류와 역할 21
4) 연구모형의 구성요소 23
1.3 연구의 설계 24
1.4 자료의 수집 25
2. 기초적인 통계 개념 26
1) 통계모형: 다름에 대한 이해 26
2) 연구가설과 귀무가설 28
3) 제1종 오류와 제2종 오류 29
4) 유의수준, 신뢰수준, 유의확률 30
5) 통계적 의사결정 30
3. 예제 및 실습 데이터 31
3.1 예제 데이터 I(Data1.xls) 31
3.2 예제 데이터 II(Data2.xls) 34

3.3 실습 데이터(Data3.xls) 36
3.4 주요 패키지 설치하기 38

**03 연구자의 관심 내용** 47

1. 일반적인 연구자의 관심 내용 47
1) 연구집단의 전체 평균 47
2) 두 집단의 비교 48
3) 여러 집단의 비교 48
4) 척도의 정규성 48
5) 두 변수 간의 상관관계 49
6) 설명변수와 반응변수의 선형관계 50
7) 집단에 따른 설명변수와 반응변수의 관계 50
8) 척도(변수)의 정의 및 타당성 51
9) 척도의 신뢰도 51
10) 동질성 검정 52
11) 여러 개의 선형관계 52
2. 매개효과와 조절효과 분석 54
3. 실전논문 작성을 위한 연구자의 관심 내용 55

## 2장 기초 분석 I 57

**01 연구집단의 전체 평균** 58
**02 두 변수의 평균 비교** 62
**03 두 집단의 평균 비교** 64
**04 정규성 검정** 67
**05 비모수 검정** 71

## 3장 기초 분석 II 77


**01 데이터 정제하기** 78

**02 변수변환** 82

**03 상관분석** 86

1. 두 변수 간의 상관분석 86
2. 통제변수가 있는 경우의 상관분석 87
3. 두 집단의 상관계수 비교 90

**04 선형 회귀분석** 92

1. 단순선형 회귀분석 92
2. 다중선형 회귀분석 97
3. 변수선택기법 100

**05 분산분석** 108

1. 일원 분산분석 108
2. 여러 집단 비교를 위한 비모수 검정: Kruskal-Wallis 검정 113
3. 이원 분산분석 115

**06 공분산분석과 위계적 회귀분석** 120

1. 공분산분석 120
2. 위계적 회귀분석 122

**07 최적모형 탐색을 위한 방법** 127

**08 동질성 검정과 독립성 검정** 142

1. 동질성 검정과 독립성 검정의 활용 143
   1) 분할표를 이용한 동질성 검정 144
   2) 동질성 검정과 독립성 검정의 활용 146

09 척도분석 150
1. 요인분석 150
2. 신뢰도분석 155
10 경로분석 160

4장 응용 분석 165

01 매개효과 및 조절효과 분석 166
1. 매개효과 분석 166
1.1 Baron & Kenny 방법에 의한 매개효과 검증 방법 167
1) 건강한 자기관리와 평화의 관계 – 행복의 매개효과 171
1.2 경로분석에 의한 매개효과 검증 방법 177
2. 조절효과 분석 179
1) 더미변수 형태의 조절변수 180
2) 다중 집단변수 형태의 조절변수 185
3) 연속형 변수 형태의 조절변수 191

5장 실전 분석 197

01 실습예제 분석 198
1. 실습 데이터 198
2. 독립성 검정 199
3. 이표본 t-검정 201
4. 분산분석 202

5. 매개효과 분석 212
6. 조절효과 분석 216
7. 위계적 회귀분석 222
8. 최적모형 탐색 227
9. 다변량 정규성 검정 231
10. 경로분석 233

참고문헌 241
찾아보기 242

# 1장 시작하기

01 R-언어 소개 및 설치
02 기초 개념 및 예제 데이터
03 연구자의 관심 내용

# 01 R-언어 소개 및 설치

## 1 R-Language 역사

R-언어의 역사는 S-언어로부터 시작되었다. S-언어는 Bell Labs의 통계계산 분야 전문가인 Chambers와 그 동료들에 의하여 개발되었으며,[1] 지금은 상업용으로 개발된 S-PLUS 소프트웨어로 이어지고 있다. R-언어는 S-언어의 독립적이고 개방된 무료 언어로 Ihaka & Gentleman이 시작한 "통계계산을 위한 R 프로젝트(R Project for Statistical Computing)"를 통하여 개발되었다.[2]

R-언어의 최대 장점은 무료이면서 대부분의 통계분석 방법이 공개되어 있다는 것이다. 이는 통계 소프트웨어의 도움이 필요하지만 감당하기 벅찬 사용료를 지불해야 하는 우리나라의 현실에서 연구에 고군분투하고 있는 국내 연구자들과 현장 분석가들에게는 커다란 복음이라고 볼 수 있다.

R-언어에 대한 보다 자세한 역사와 소개에 대한 내용은 Fox & Weisberg(2011)을 참고하기 바란다.

1 Becker, R. A., Chambers, J. M., and Wilks, A. R. (1988). *The New S Language: A Programming Environment for Data Analysis and Graphics*. Wadsworth, Pacific Grove, CA.

2 Ihaka, R. and Gentleman, R. (1996). R: A language for data analysis and graphics. Journal of Computational and Graphical Statistics, 5:299-314.

## 2 R-Language 설치하기

R-언어를 설치하는 방법은 다음과 같다.

1. 인터넷 주소창에서 https://www.r-project.org를 입력한다. 그리고 좌측 상단 메뉴에서 Download 아래의 CRAN을 클릭한다.

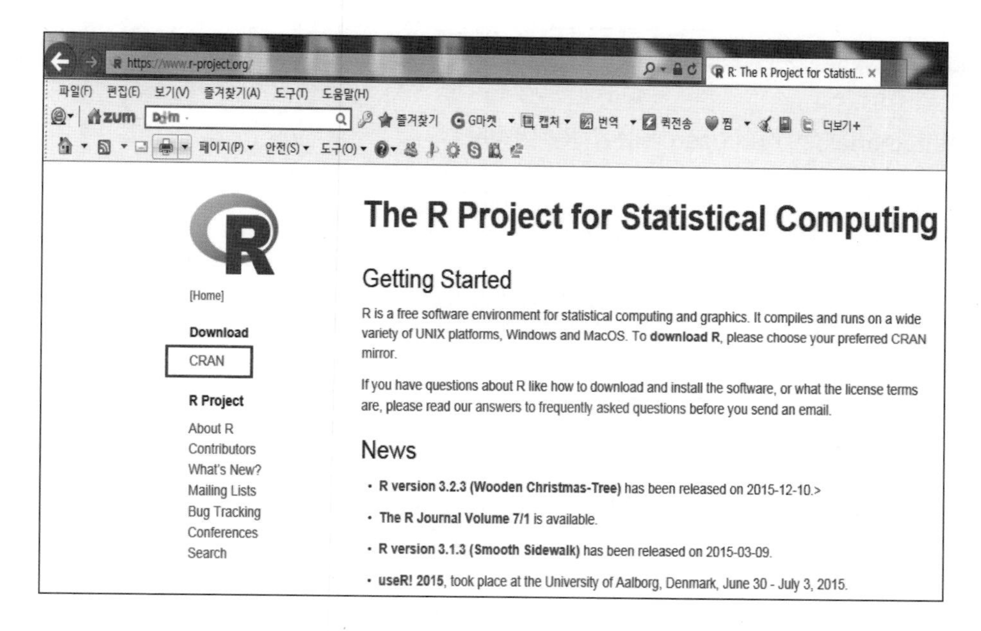


2. CRAN Mirrors 중 원하는 곳을 선택한다(여기서는 Australia의 CSIRO 연구소를 선택하였다).

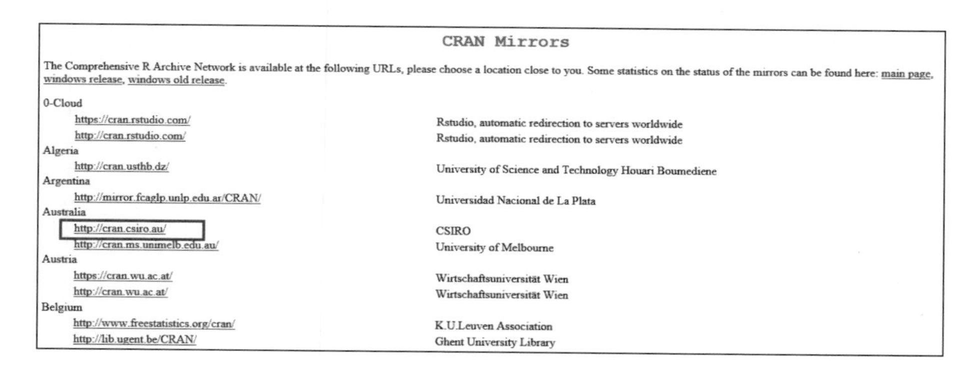

3. Download and Install R 상자에서 Download R for Windows를 선택한다.

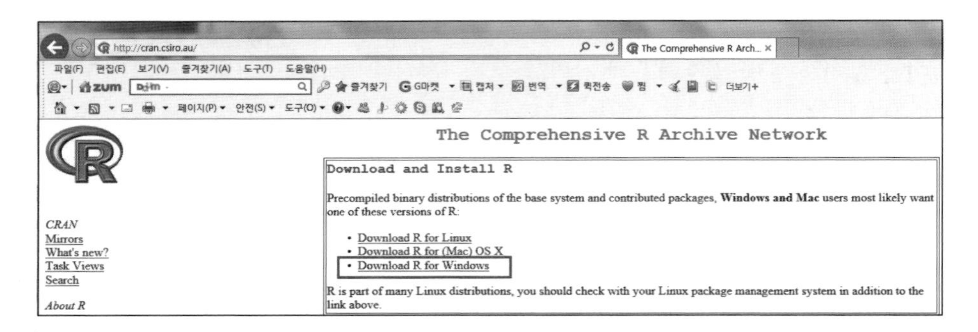


4. Subdirectories: 아래의 base 메뉴를 클릭한다.

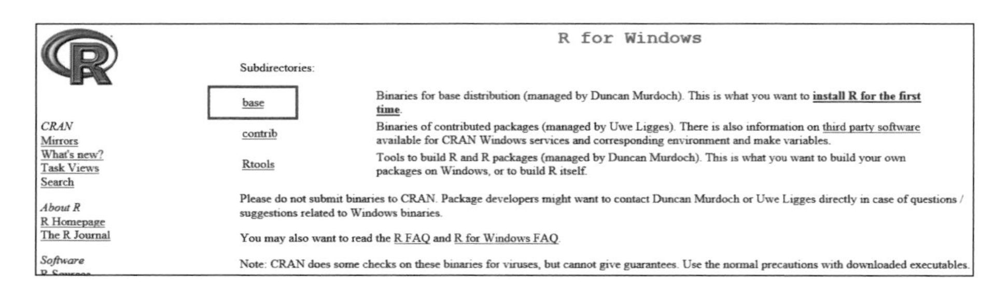


5. Download R 3.2.3 for Windows (62 megabytes, 32/64 bit)를 클릭하여 exe 파일을 다운로드 받아서 설치한다.

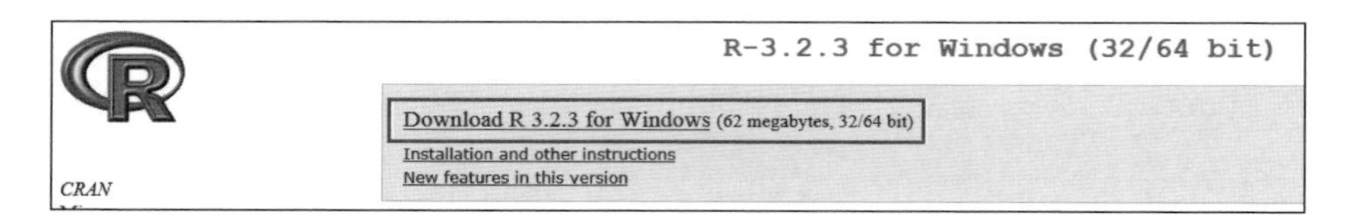


6. R-언어를 설치한 후 R 아이콘을 더블클릭하면 다음과 같은 화면이 열린다.

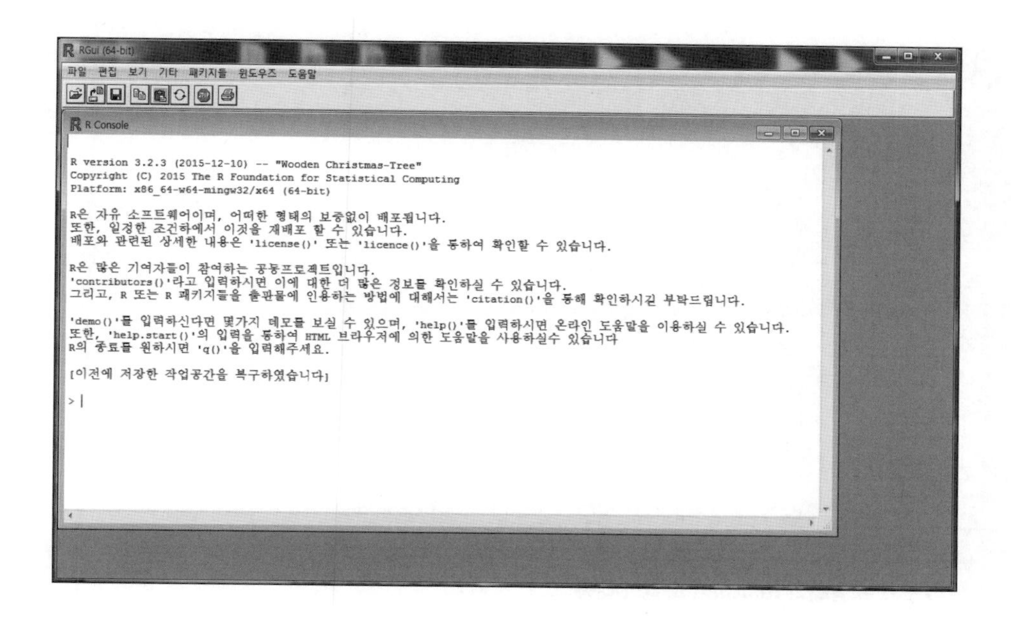


이제 R-언어를 사용할 준비가 되었다. R-언어 사용을 그만두고 프로그램을 닫기 위해서는 q() 함수를 사용한다.

## 3 데이터 불러오기

R-언어에서 외부 데이터를 읽어 들이는 방법은 여러 가지가 있지만, 이 책에서는 Excel 또는 SPSS 패키지로 작업한 데이터를 R에서 사용하는 경우를 중심으로 설명한다.

### 1) Excel로 데이터를 입력하여 저장하고 R로 읽어 들이는 방법

Excel에서 <그림 1-1>과 같은 testdata.xls 파일을 만들었다고 가정하자.

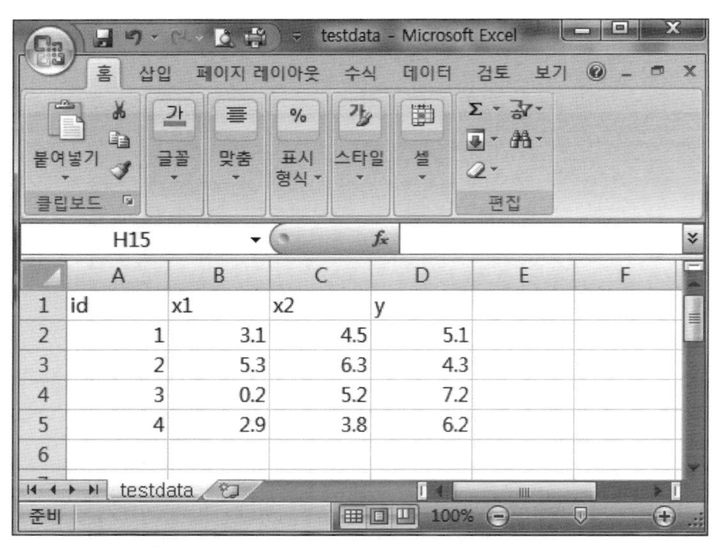


〈그림 1-1〉 Excel 형태의 testdata 파일의 내용

위의 Excel 데이터를 R-언어에서 사용하기 위해서는 txt 또는 csv 파일의 형태로 저장한다. 이 책에서는 C 드라이브에 Data 디렉토리를 만들어서 그곳에 testdata.txt 파일로 저장하기로 한다.

1. Excel에서 **다른 이름으로 저장**을 클릭한다.

2. '파일 이름'과 '파일 형식'을 다음과 같이 지정한 후 **저장(S)**을 클릭한다.

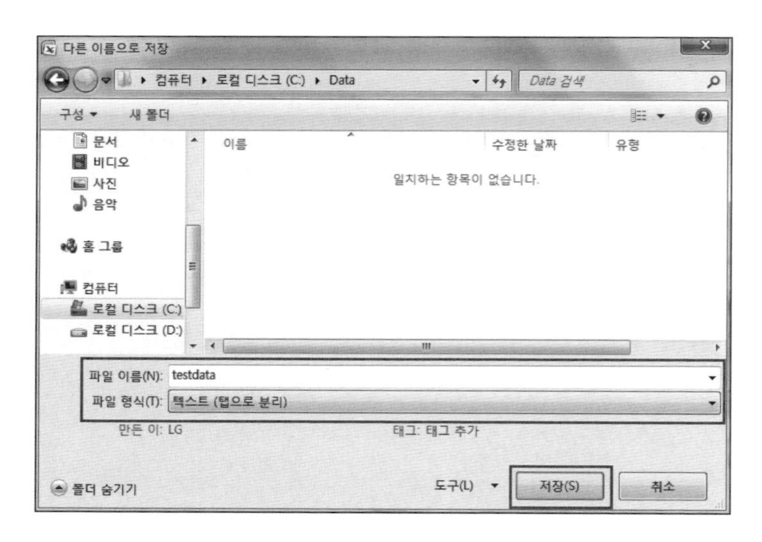

이제 R에서 testdata를 읽어 들이면 된다.

```
> Edata = read.delim("c:\\Data\\testdata.txt")
> Edata
  id  x1  x2  y
1  1 3.1 4.5 5.1
2  2 5.3 6.3 4.3
3  3 0.2 5.2 7.2
4  4 2.9 3.8 6.2
```

출력결과를 살펴보면, testdata 파일의 내용을 정확하게 불러들인 것을 확인할 수 있다.

### 2) SPSS로 데이터를 입력하여 저장하고 R로 읽어 들이는 방법

SPSS에서 testdata.sav 파일을 만들었다고 가정하자.

1. SPSS에서 **파일(F) → 다른 이름으로 저장(A)**을 클릭한 후 다음과 같이 입력하고 **저장(S)**을 클릭한다.

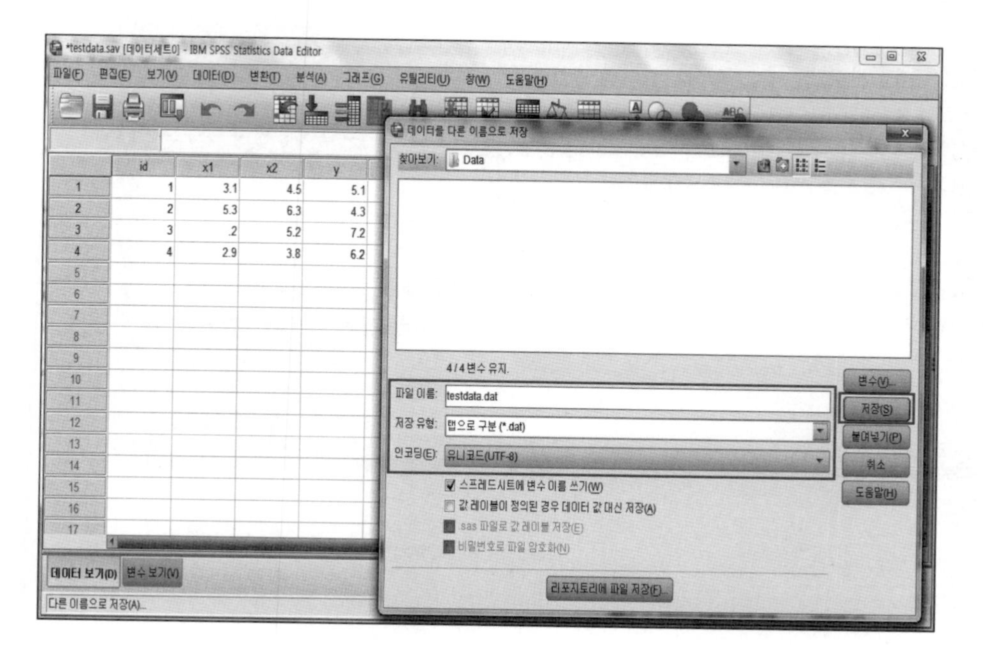

이제 R에서 testdata를 읽어 들이면 된다.

```
> Sdata = read.delim("c:\\Data\\testdata.dat")
> Sdata
  id  x1  x2  y
1  1 3.1 4.5 5.1
2  2 5.3 6.3 4.3
3  3 0.2 5.2 7.2
4  4 2.9 3.8 6.2
```

출력결과를 살펴보면, testdata 파일의 내용을 정확하게 불러들인 것을 확인할 수 있다. R-언어 사용을 중지하고 프로그램을 닫기 위해서는 q() 함수를 사용한다. 이때 R-언어는 작업한 내용을 저장할 것인지를 묻는다. 저장을 원할 경우 **예(Y)**를 클릭한다.

```
> q()
```

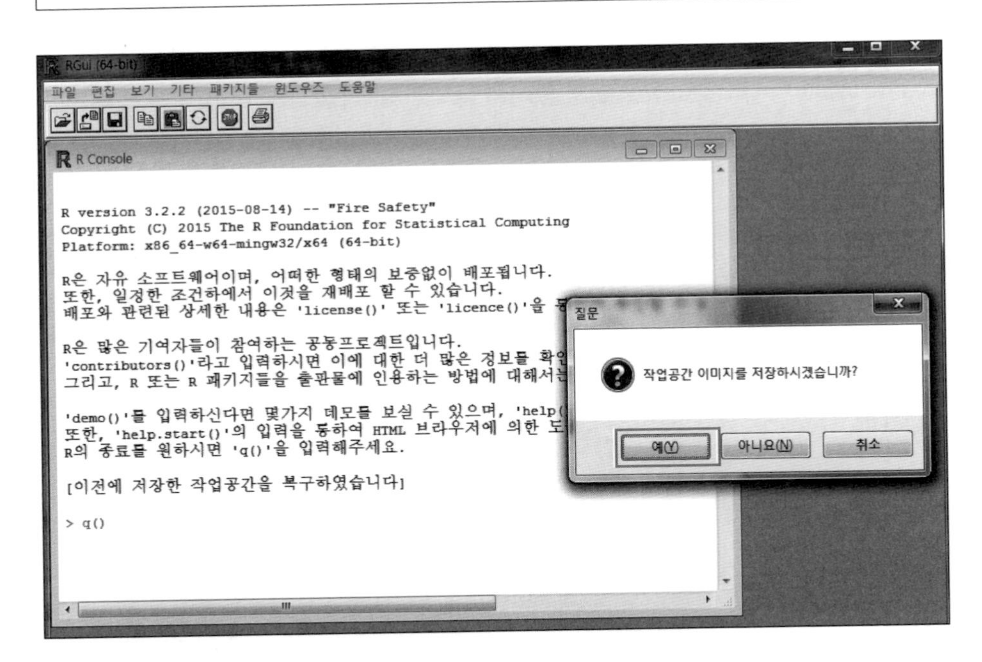

# 02 기초 개념 및 예제 데이터

## 1 논문작성을 위한 첫걸음

실증적인 데이터를 기반으로 논문작성을 위한 고민을 하고 있는 연구자가 처음에 접하는 고민은 아마도 "무슨 연구를 어떻게 진행할 것인가?"와 같은 형태가 될 것이다. 이는 연구주제의 선정, 그 연구 주제에 대한 연구가설의 종류와 형태, 연구가설에 적합한 척도의 선정, 연구가설을 입증 또는 검증하기 위한 연구의 형태, 연구에 적합한 자료의 수집, 수집된 자료의 분석방법 등을 포함하고 있다. 이 장에서는 이와 같은 고민을 쉽게 해결할 수 있는 방법을 다루고 있다.

### 1.1 연구주제의 선정

연구자가 "무엇에 대한 연구를 할 것인가?"와 같은 질문을 통하여 연구자가 정해 놓은 주제를 연구주제라고 한다. 연구주제는 일반적으로 연구자의 관심을 유발하면서, 연구자가 잘할 수 있는 분야에서 현실적으로 해결할 수 있는 연구문제 도출이 가능한지 여부를 토대로 결정하는 것이 현명하다. 예를 들어, 연구자 A는 중학교에서 영어를 담당하고 있는 선생님으로 평소 학생의 영어성적에 영향을 미치는 요인이 무엇인지에 관심을 가지고 있으며 현재 대학원에서 박사학위를 위한 논문을 준비하고 있다고 가정하자. 이 경우 "중학생의 영어능력에 영향을 미치는 요인"이 연구자 A의 연구주제가 될 수 있다.

이는 연구자 A의 직업이 중학교 영어 선생님이기 때문에 현장에서의 경험이 매우 소중한 경험지식으로 그 분야를 잘 알고 있으며 또한 대학원에서의 학습과 지도교수의 지도를 통하여 실증기반 연구를 진행할 수 있는 능력과 상황이 되기 때문이다.

일단 연구주제가 선정이 되면 연구주제와 관련된 연구물을 살펴보는 것이 그다음 단계에서 진행되어야 한다. 이러한 연구물의 종류에는 각종 형태의 연구보고서, 신문기사, 서적, 영상물, 연구논문 등이 포함된다. 이 중에서 학술적인 연구논문을 위해서 가장 중요한 자료는 아마도 연구논문일 것이다. 연구주제와 관련된 연구논문을 찾아보는 방법은 매우 다양하여, 일반적인 포털사이트에서 연구주제를 키워드로 검색하여 나오는 정보 중 전문적인 정보를 이용하는 방법, 전문학술논문 DB 서비스를 제공하는 사이트를 이용하는 방법, 대학 인터넷도서관 시스템을 이용하는 방법 등이 있다. 예를 들어, 기초학문자료센터(www.krm.or.kr) 또는 학술연구정보서비스(www.riss.kr)에서 검색엔진에 "학업성취도"라는 주제어로 검색을 할 경우에 100여 편 이상의 연구과제물이 검색되는 것을 확인할 수 있다. 이 책을 읽는 독자를 위하여 저자가 추천하는 방법은 대학교 인터넷도서관 검색엔진에서 연구주제와 관련된 핵심 단어(예, 학업성취도)를 입력하여 검색된 연구논문 중 경쟁력이 있는 학술지에 최근에 게재된 논문 또는 경쟁력이 있는 대학의 박사학위 논문을 선택하는 것이다. 경쟁력이 있는 학술지의 종류는 국내 학술지의 경우 한국연구재단(www.nrf.re.kr)에서 제공하는 등재학술지목록을 참조하면 된다.

## 1.2 연구가설과 연구모형

### 1) 문헌검토

연구주제를 결정하고 연구주제와 관련된 연구논문을 선택하고 나면 그다음의 단계는 선택한 논문을 읽고 이해하는 단계가 될 것이다. 논문을 이해하는 단계는 과연 어떠한 단계를 말하는 것인가? 이에 대하여는 여러 가지 의견이 있을 수 있지만, 저자가 생각하기에는 그 논문에서 진행된 연구의 한계와 문제점을 발견할 수 있으며, 그 문제점에 대하여 본인이 대안 또는 해결책을 제시할 수 있는 단계가 되었을 때 그 논문을 이해하는 단계가 되었다고 본다. 위와 같은 과정으로 연구논문을 석사 과정의 경우 적어도 10편 이상, 박사 과정의 경우 적어도 30편 이상의 논문을 이해해야 제대로 된 연구를 진행할 준비가 되었다고 볼 수 있다. 물론 이는 연구 분야와 연구주제의 종류에 따라 달라질 것이며, 이해를 완전히 한 논문 외에 연구를 위하여 부분적으로 읽고 참고하는 논문의 수까지 포함한다면 수십 편을 넘어 수백 편이 되는 경우가 다반사이다.

### 2) 연구가설의 작성과 연구모형

연구주제와 관련된 필요한 정도의 연구논문을 읽고 나면 그다음 단계로 연구가설을 작성하여야 한다. 연구가설이란, 연구주제와 관련된 다양한 연구문제에 연구자의 경험지식과 직관 등을 토대로 연구자가 잠정적으로 주장하는 내용을 말한다. 연구문제가 연구주제와 관련된 변수(또는 변인)들 간의 관계에 대하여 제기되는 문제라고 한다면, 연구가설은 연구자가 연구문제에 대하여 문헌연구와 경험지식 등을 토대로 연구문제에 대하여 잠정적으로 내리는 결론(또는 의견)이라고 볼 수 있다. 실증기반 과학적인 연구를 진행한다는 것은 이러한 가설을 연구자가 수집한 실증적인 데이터를 토대로 받아들일지 아니면 수정을 해야 할지를 결정하는 것과 같다고 볼 수 있다.

문헌연구를 토대로 연구가설을 작성할 수도 있지만, 그 전에 문헌연구와 연구자의 경험지식 등을 토대로 연구주제에 대한 연구의 개념적 틀(framework)을 작성한 후에 연구가설을 작성할 수 있다. 연구의 개념적 틀을 연구모형(research model)이라고 부른다. 이와 같은 형태로 작성된 연구모형은 나중에 연구를 진행하여 데이터를 수집한 후 통계분석을 하고 나면 수정되는 경우가 흔히 있다. 따라서 현실적으로 연구모형은 두 종류로 나누어질 수 있다. 연구 초기 단계에서 문헌연구를 토대로 작성하는 연구모형과 수집된 데이터에 대한 통계분석 후 얻어지는 결과를 토대로 좀 더 정제되고 간결한 형태로 작성하는 연구모형을 들 수 있다. 연구논문을 작성하는 경우에 연구자의 입장에서는 후자의 방법으로 연구모형을 작성하는 것이 현실적이다. 따라서 연구모형의 개념적 틀은 초기 연구모형과 통계분석 후에 작성되는 정제된 연구모형으로 나눌 수 있다.

### 3) 변수의 종류와 역할

연구주제에 대한 연구가설이 설정되면 연구가설의 내용에 따라서 추상적인 개념 또는 변수가 포함될 경우가 있다. 예를 들어, 앞에서 언급한 연구자 A의 연구주제가 "중학생의 영어능력에 영향을 미치는 요인"이라고 상정할 경우 이 연구주제에는 영어능력이라는 개념이 존재한다. 영어능력이 무엇인가에 대한 개념적인 정의(conceptual definition)는 학자와 연구대상에 따라서 다양할 수가 있다. 일반적으로 철학자, 질적인 연구에 관심이 있는 학자들은 개념적인 정의에 더 많은 관심을 두는 경향이 있다. 반면에 중학생을 대상으로 하는 연구에서 연구자는 '영어능력'을 '학교에서의 영어성적'으로 제한할 수 있다. 이러한 경우 연구자 A는 '영어능력'이라는 추상적 개념을 '학교에서의 영어성적'이라는 구체적으로 측정 가능한 값으로 정의할 수 있으며, 이러한 과정을 조작적 정의(operational definition)라고 부른다. 조작적 정의 과정을 통하여 연구자는 '학교 기말고사에서의 영어성적'으로 '영어능력'을 측정하게 된다. 개념적 정의 과정에서 정의되는 개념을 요인(factor), 구성개념(construct), 또는 잠재변수(latent variable)라고 부르며, 조작적 정의 과정에서 정의되는 구체화된 값을 명시변수(manifest variable) 또는 측정수준의 변수라고 부른다. 하지만 연구 분야에 따라서는 잠재변수와 명시변수를 혼용하여 이를 나타내기 위하여 변인이라고 부르기도 한다. 이 책에서는 변수라는 용어로 설명하기로 한다.

변수가 추상적인 개념을 나타내고 있는지 아니면 조작적 정의 과정을 통하여 구체적으로 측정 가능한 값을 나타내고 있는지에 따라서 잠재변수와 명시변수로 구분된다.

변수는 또한 연구가설에서 설정된 역할에 따라서 독립변수(independent variable), 종속변수(dependent variable), 매개변수(mediator, intervening variable), 조절변수(moderator, moderating variable)로 구분될 수 있다. 종속변수는 일반적으로 연구자가 궁극적으로 관심을 가지고 있는 연구의 핵심 개념과 관련된 변수로 반응변수(response variable)라고도 부르며, 독립변수는 종속변수에 영향을 미친다고 생각되거나 종속변수를 설명하기 위하여 도입된 변수로 설명변수(explanatory variable)라고도 부른다. 일반적으로 자연과학에서는 독립변수를 원인(cause)으로 보고 종속변수를 결과(effect)로 보려는 경향이 강하며, 이는 실증기반 사회과학이나 행동과학에서도 예외는 아니라고 본다. 하지만 독립변수와 종속변수의 관계를 원인과 결과의 관계로 보는 것은 일반적으로 무리가 있는 경우가 많다. 이러한 경우에는 연구자가 관심을 가지고 있는 반응변수가 연구대상에 따라서 다르게 변하는 것을 이해하기 위하여 설명변수를 도입하고 있다는 측면에서 독립변수와 종속변수의 관계를 설명변수와 반응변수의 관계로 보는 것이 보다 설득력이 있다. 매개변수는 독립변수와 종속변수의 관계에 있어 매개변수가 그 중간자적인 교량 역할을 하고 있는 경우이다. 즉 독립변수가 종속변수를 설명하는 과정에 있어서 매개변수를 거쳐서 종속변수를 설명하게 되는 경우에 매개변수는 독립변수와 종속변수의 관계에 있어서 매개 역할을 한다. 독립변수와 종속변수의 관계에서 제3의 변수가 개입될 때 그 관계의 행태가 변화되는 경우가 있는데, 이때의 제3의 변수를 조절변수라고 부른다. 일반적으로 독립변수, 종속변수, 매개변수는 양(quantitative)적인 데이터이다. 반면에 조절변수는 양적인 데이터인 경우도 있지만, 질(qualitative)적인 데이터인 경우도 있다. 예를 들어, 중학생의 나이 또는 학년을 나타내는 변수는 양적인 데이터이지만 응답자의 성별을 나타내는 변수의 경우는 질적인 변수이다.

### 4) 연구모형의 구성요소

연구의 개념적 틀인 연구모형을 구성하는 요소는 1) 연구의 틀을 상징적으로 나타내 주는 큰 사각형, 2) 변수(또는 변인)를 나타내는 원 또는 작은 사각형, 3) 변수 간의 관계(반응변수/설명변수/매개변수/조절변수 관계 또는 상관관계)를 나타내는 화살표 등이다(<표 1-1> 참조).

**〈표 1-1〉 연구모형의 구성요소**

| 종류 | 상징 |
|---|---|
| 큰 사각형 | 연구의 개념적 틀 |
| 작은 사각형 | 측정 가능한 명시변수 |
| 작은 원 | 추상적인 개념의 잠재변수 |
| 화살표 → | 설명변수/반응변수 관계 |
| 화살표 ↔ | 상관관계 |

연구의 개념적 틀을 작성하기 위하여 연구자 A가 문헌연구를 통하여 중학생의 학업성취도와 관련된 연구를 종합한 결과 '지각된 교사기대'가 '학업성취도'에 직간접적으로 영향을 미치고 '자기주도 학습능력'이 두 변수 간의 관계에 있어서 매개변수 역할을 하고 있으며, 그 변수 간의 관계는 '부모의 사회경제적 지위'에 따라서 관계의 형태가 다르다는 것을 파악하였다고 가정하자. 이 경우 연구자 A의 연구모형을 도식화하면 <그림

1-2>와 같게 된다.

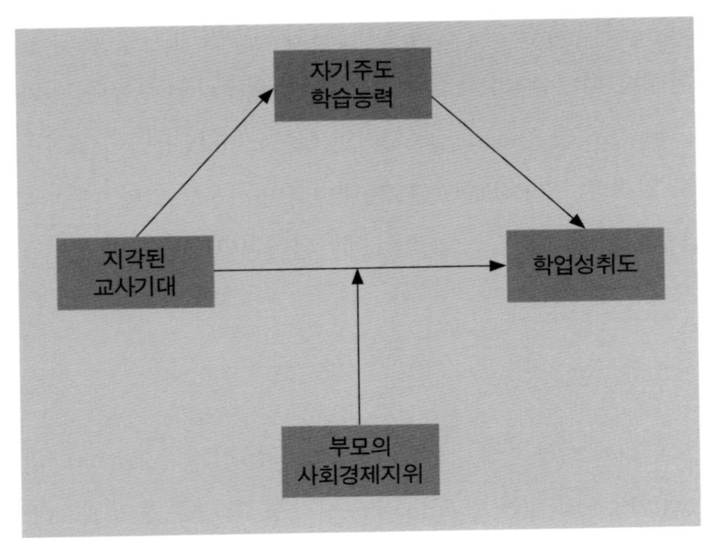


〈그림 1-2〉 연구모형의 예

## 1.3 연구의 설계

초기 연구모형이 완성되었다면 이미 연구의 많은 부분이 진척되었다고 볼 수 있다. 연구대상을 여러 개의 소집단으로 나눌 수 있는 경우 그 집단 간의 차이, 종속변수를 설명하는 데 가장 유용한 독립변수, 독립변수와 종속변수의 관계에 있어서 매개변수와 조절변수의 역할 등과 같이 연구모형에 포함된 변수들 간의 역학적인 관계에 관심이 있을 경우에는 조사연구(survey study)를 진행한다. 일반적인 조사연구의 형태는 횡단연구(cross-sectional study)로 어느 한 시점에서 연구대상을 조사하여 진행하는 연구이다. 연구대상이 되는 집단을 모집단(population)이라고 부르며, 조사연구에서 조사대상이 되는 모집단을 구성하는 단위를 관측단위(observational unit)라고 부른다. 설문조사는 조사연구의 한 형태이다.

실험연구는 연구대상으로부터 자연적으로 형성되는 소집단과는 달리 연구자가 무작위(at random)의 원칙으로 연구대상에 부과한 집단을 조절변수의 범주에 놓고 그 집단 간의 차이를 비교하는 연구이다. 예를 들어, 유아의 사고력 증진을 위한 프로그램 A와 B가 있다고 가정하자. 프로그램이 효과가 있는지 비교하기 위하여 연구대상을 프로그램 A를 부과할 실험집단, 프로그램 B를 부과할 비교집단, 어떠한 프로그램도 부과하지 않을 통제집단으로 나누어 실험을 진행할 수가 있다. 조사연구와 마찬가지로 연구대상이 되는 집단을 모집단이라고 부르며, 실험연구에서 실험대상이 되는 모집단을 구성하는 단위를 실험단위(experimental unit)라고 한다. 실험연구에서 유의해야 할 것은 연구자가 연구대상을 집단에 배정하는 과정에서 특정 집단에 유리하지 않고 공평하게 실험단위를 집단에 배정하는 것이다.

## 1.4 자료의 수집

현실적으로 연구자는 연구대상이 되는 모집단(population)의 일부를 대상으로 연구를 진행할 수밖에 없다. 연구자가 실질적으로 조사 또는 실험을 진행하는 관측단위 또는 실험단위로 이루어진 집단을 표본(sample) 또는 표본집단이라고 부르며, 표본을 고르는 과정을 표본추출(sampling) 또는 표집(標集)이라고 한다. 표본은 모집단의 일부로서, 표본을 추출할 때 기본적인 주안점은 모집단을 대표하는 표본을 추출하는 것이다. 한마디로 표본추출은 '골고루 잘' 하여야 한다. 이와 같은 철학에서 표본을 추출하는 것을 확률적 표본추출이라고 부른다.

조사연구의 자기기입식 설문조사에서 일반적으로 많이 사용되는 척도는 리커트 척도(Likert scale)이다. 일반적으로 Likert-척도는 5점, 6점, 7점 척도를 사용하는데, 낮은 점수에서 높은 점수로 갈수록 그 방향성도 의미가 있는 척도이다. 예를 들어, "당신은 얼마나 행복하다고 생각하십니까?"라는 질문에 대한 답을 Likert 5점 척도로 만들 경우 '매우 불행하다', '불행하다', '보통이다', '행복하다', '매우 행복하다'와 같이 할 수 있다.

연구주제 선정, 문헌연구를 통한 연구모형 작성, 초기의 연구가설 설정, 연구가설 형태에 적합한 연구설계를 통하여 연구자는 데이터를 얻게 된다. 그다음 단계는 연구자가 설정한 연구가설에 적합한 통계분석을 진행하는 것이다.

## 2 기초적인 통계 개념

### 1) 통계모형: 다름에 대한 이해

연구자가 연구대상으로 삼고 있는 모집단(population)을 구성하고 있는 연구단위(research unit)와 분석하고자 하는 변수(variable)는 연구목적에 따라서 다르다. 예를 들어, 대한민국 성인의 행복에 대한 연구를 진행할 경우 모집단은 대한민국 성인이며, 연구단위는 개인이고, 분석하고자 하는 변수는 행복이다. 일반적으로 연구자가 분석하고자 하는 변수는 종속변수(dependent variable)인 경우가 많으며, 연구가설(research hypothesis)과 연구모형(research model)을 작성한다는 것은 이 종속변수의 값이 모집단을 구성하고 있는 연구단위에 따라서 다르게 관찰되고 있는 이유를 설명하고자 하는 것으로 볼 수 있다.

종속변수에 영향을 미치거나 종속변수를 예측 또는 설명하기 위하여 도입된 변수를 독립변수(independent variable)라고 부르며, 독립변수와 종속변수의 관계에서 독립변수가 종속변수에 직접적인 영향을 미치기도 하지만 중간의 제3의 변수를 통하여 종속변수에 간접적으로도 영향을 미칠 수가 있다. 예를 들어, 자녀의 성적이 아버지의 행복에 직접적인 영향을 미칠 수도 있지만, 자녀의 성적이 어머니의 행복에 영향을 미치고, 어머니의 행복이 아버지의 행복에 영향을 미칠 경우, 어머니의 행복은 자녀의 성적과 아버지의 행복의 관계에서 중계자 역할을 하는 제3의 변수로 매개변수(mediating variable, mediator)라고 부른다.

독립변수와 종속변수의 관계가 제3의 변수의 값 또는 수준에 따라서 다르게 나타나는 경우도 있다. 예를 들어, 자녀의 성적이 아버지의 행복에 긍정적인 영향을 미치지만, 아들의 경우보다 딸의 경우 더 큰 영향을 미치는 것으로 나타날 경우, 자녀의 성적과 아버지의 행복의 함수관계는 자녀의 성별에 따라서 달라진다. 이와 같이 그 변수의 값 또는 수준이 독립변수와 종속변수의 관계에 영향을 미치는 제3의 변수를 조절변수(moderating variable, moderator)라고 부른다.

통계모형(statistical model)은 종속변수 Y의 값이 각 연구단위(예, 개인)에 따라서 다르게 관찰되는 이유를 설명하고 예측하기 위하여, 종속변수 Y를 독립변수(X), 매개변수($M_E$), 조절변수($M_O$)의 함수 형태로 표현한 수식으로 다음과 같이 표기한다.

$$Y=Model(X, M_E, M_O)+\varepsilon$$

여기서, Model(·)은 종속변수를 설명하기 위한 수학적인 함수식으로 일반적으로 선형함수이며, $\varepsilon$는 오차(error)를 나타내는 오차항이다. 연구자의 연구대상이 되는 집단을 모집단(population)이라고 하며, 연구자가 분석을 하기 위한 데이터는 모집단의 일부로서, 모집단으로부터 골고루 추출된 표본집단(sample)으로부터 수집된 정보이다. 표본집단을 구성하고 있는 각 개체(연구단위)의 종속변수의 값은 모두 다 같은 경우는 없고, 일반적으로 각기 다르게 나타난다. 표본집단을 구성하는 각 개체의 종속변수 Y의 값이 다른 정도를 나타내는 척도는 전체제곱합(TSS; total sum of squars)으로 다음과 같이 구한다.

$$TSS=\sum_{i=1}^{n}(Y_i-\overline{Y})^2$$

여기서, n은 표본집단을 구성하고 있는 연구단위의 수로 표본의 크기(sample size)라고 부르며, $\overline{Y}$는 표본평균(sample mean)으로 표본집단에서 구한 연구단위의 각 개체의 종속변수 값들의 평균으로, 그 계산식은 $\overline{Y}=\frac{1}{n}\sum_{i=1}^{n}Y$이다.

표본집단을 구성하고 있는 각 개체의 종속변수의 값이 다른 이유를 설명하고 예측하기 위한 것이 통계모형이며, 그 다른 정도를 나타내는 척도가 전체제곱합 TSS이다. 통계모형에서 각 개체의 종속변수 $Y_i$의 값이 독립변수, 매개변수, 조절변수 등으로 표현되는 함수식 $Model(X_i, M_{E_i}, M_{0_i})$과 오차항 $\varepsilon_i$으로 표현되듯이, 각 개체의 종속변수 $Y_i$의 값이 다른 정도를 나타내는 전체제곱합은 통계모형에 의해서 설명되는 부분인 모형제곱합 SSM(sum of squares due to model)과 오차제곱합 SSE(sum of squares due to error)로 분해된다. 따라서 다음과 같은 등식이 성립된다.

$$TSS=SSM+SSE$$

위 등식을 전체제곱합 TSS로 나누면

$$1 = \frac{SSM}{TSS} + \frac{SSE}{TSS}$$

이 되고,

$$\frac{SSM}{TSS}$$

은 전체제곱합에서 모형제곱합이 차지하는 비율로, 모형의 설명력을 나타내며 결정계수(coefficient of determination)라고 부르고, $R^2$으로 표기한다.

일반적으로 연구자가 선택한 연구가설에 대한 통계모형의 설명력이 40% 이상일 경우 매우 훌륭한 연구로 간주되기도 하며, 연구논문을 위한 통계모형의 설명력이 적어도 20% 이상일 경우에 무난한 것으로 평가된다. 하지만 통계모형의 설명력이 20% 미만일 경우에는 모형의 설명력이 매우 빈약한 것으로 간주되고, 모형의 해석에 주의를 기울일 필요가 있으며, 연구설계에 문제가 없는지 여부부터 고민을 하여야 한다. 아울러 종속변수에 대한 통계모형의 설명력이 60% 이상일 경우에는 종속변수를 설명하기 위해서 사용된 설명변수(독립변수)가 종속변수와 매우 비슷하여 구별이 되지 않는 변수인지도 살펴보아야 한다.

결론적으로 통계모형이란 종속변수가 연구집단을 구성하고 있는 연구단위(개체)에 따라서 다르게 나타나는 이유를 설명하기 위하여 연구자가 선정한 설명변수(독립변수, 매개변수, 조절변수 등)와 반응변수(종속변수)와의 함수적 관계를 나타내는 모형으로, 학술논문으로서 적절한 통계모형의 설명력은 최소 20%이다.

### 2) 연구가설과 귀무가설

연구자가 관심을 가지고 있는 연구주제에 대하여 좀 더 구체적이고 명시적인 형태로 표현된 것을 연구문제라고 부르며, 일반적으로 의문문 형태로 작성할 수 있다. 연구문제를 좀 더 구체적인 변수 간의 관계 형태로 표현한 것을 연구가설이라고 부르며, 일반적으로 평서문 또는 서술문 형태로 작성할 수 있다. 연구가설은 연구자가 원하는 결과에 대한 잠정적인 주장 또는 결론으로 변수 간의 관계에 대한 잠정적인 결론인 것이다. 이러한 결론은 독립변수와 종속변수의 관계가 있다는 것일 수도 있고, 관계가 없다는 것일 수도 있는 것으로 연구자가 원하는 주장이다. 반면에 귀무가설(null hypothesis)은 연구가설의 형태에 관계없이 반드시 변수 간의 관계가 없다는 형태로 서술되어야 한다. 이는 통계적 의사결정의 규칙이 귀무가설(변수 간의 관계가 없다는 가설)이 진실(true)이라는 가정에서 연구자가 얻은 표본으로부터 구한 검정통계량(test statistic)의 값이 어느 정도 일반적으로 얻게 되는 값인가를 확률로 표현한 유의확률(significance probability)의 크기에 바탕을 두고 있기 때문이다.

연구자의 연구가설의 형태에 따라서 통계모형이 결정되며, 이 통계모형에 따라서 귀무가설의 형태가 결정된다. 따라서 연구자는 자신의 연구가설에 맞는 통계모형이 무엇인지를 알고, 그에 대응되는 귀무가설과 유의확률의 값이 무엇을 의미하는지를 아는 것만으로도 실증분석의 많은 부분을 해결할 수가 있다.

### 3) 제1종 오류와 제2종 오류

통계학의 의사결정 규칙은 이분법적인 사고에 바탕을 두고 있다. 자연(우주 또는 진실)의 상태를 인간이 모르지만 특정한 상태 A와 그 상태의 보집합(complement set)인 특정하지 않은 상태로 구성되어 있다고 상정할 경우, 자연의 상태 $\Omega$는 서로 배타적인(exclusive) A와 $A^C$로 구성되어 있다고 볼 수 있으며, 이를 $\Omega = A \cup A^C$로 표기한다. 인간인 우리가 내리는 의사결정 또한 자연의 상태를 특정한 상태인 A로 판단할 수도 있고, 특정하지 않은 상태인 $A^C$로 판단할 수도 있다. 이러한 자연의 상태와 그에 대응하는 인간의 의사결정 상태에 대한 관계는 <표 1-2>와 같다.

**〈표 1-2〉 자연의 상태와 의사결정의 관계**

| 자연의 상태와 의사결정의 관계 | | 의사결정 | |
|---|---|---|---|
| | | A | $A^C$ |
| 자연의 상태 | A | 정확한 의사결정 | 부정확한 의사결정 (제1종 오류) |
| | $A^C$ | 부정확한 의사결정 (제2종 오류) | 정확한 의사결정 |

제1종 오류는 자연의 상태가 특정한 상태인 A임에도 불구하고, 특정하지 않은 상태인

$A^C$로 판단하여 부정확한 의사결정을 범하는 오류이며, 제2종 오류는 자연의 상태가 특정하지 않은 상태인 $A^C$임에도 불구하고 특정한 상태인 A로 판단하여 부정확한 의사결정을 범하는 오류이다.

자연의 상태는 우리가 모를 뿐이지 특정한 상태인 A이거나 특정하지 않은 상태인 $A^C$로 이미 결정되어 있다. 따라서 우리가 의사결정을 하는 순간에는 이미 자연의 상태는 A이거나 $A^C$로 결정되어 있다. 자연의 상태가 특정한 상태인 A인 상황에서 우리가 의사결정을 특정하지 않은 상태인 $A^C$로 의사결정을 할 경우 우리는 제1종 오류를 범하는 것이며, 제1종 오류를 범할 확률을 알파($\alpha$)로 표기한다. 마찬가지로, 자연의 상태가 특정하지 않은 상태인 $A^C$인 상황에서 우리가 의사결정을 특정한 상태인 A로 할 경우 우리는 제2종 오류를 범하는 것이며, 제2종 오류를 범하는 확률을 베타($\beta$)로 표기한다.

### 4) 유의수준, 신뢰수준, 유의확률

유의수준(significance level)은 제1종 오류를 범할 확률을 나타내는 값으로, 연구자가 감내할 만한 최대 수준으로 인식되는 값이다. 사회과학에서는 일반적으로 유의수준 $\alpha$의 크기를 .05로 설정하지만 .1로 설정하는 경우도 있다. 신뢰수준(confidence level)은 $1-\alpha$ [또는 $100\cdot(1-\alpha)$%]로 표기한다. 유의확률(significance probability)은 귀무가설이 참이라는 전제에서 연구자가 표본으로 구한 정보통계량의 값이 이론적으로 발생할 가능성을 나타내는 값으로 $p$로 표기하며, 0에 가까울수록 발생 가능성이 작고, 1에 가까울수록 발생 가능성이 큰 것이다.

### 5) 통계적 의사결정

통계적 의사결정은 귀무가설의 채택 또는 기각 여부를 결정하는 것인데, 연구자가 연구가설을 입증하기 위하여 수집한 표본으로부터 구한 데이터를 토대로 구한 검정통계량(귀무가설이 참이라는 전제에서 구한 통계량)의 값에 대응하는 유의확률 $p$의 크기를 유의수준 $\alpha$와 비교하여, 유의확률이 유의수준보다 작을 경우 귀무가설을 기각하고, 클 경우에는 귀무가설을 채택한다.

# 3 예제 및 실습 데이터

## 3.1 예제 데이터 I(Data1.xls)

예제 데이터 I(Data1.xls)은 대한민국 성인 1946명을 대상으로 설문조사한 자료로 건강, 행복, 평화와 관련된 자기보고식 문항 20개, 응답자의 성별 및 교육정도 문항 2개, 20개의 자기보고식 문항을 토대로 계산된 척도 4개 변수의 값으로 이루어져 있다.

20개의 자기보고식 문항은 Likert 5점 척도(1=결코 아니다, 2=그렇지 않다, 3=가끔 그렇다, 4=자주 그렇다, 5=매우 자주 그렇다)로 구성되어 있으며, 이들 20개 문항으로부터 계산된 4개의 변수(BF, BM, Happiness, Peace)에 대한 변수명, 변수정의 및 변수설명은 <표 1-3>과 같다.

**〈표 1-3〉 건강, 행복, 평화와 관련된 12개 변수에 대한 변수명, 변수정의 및 변수설명**

| 변수명 | 변수정의 | 변수설명 |
|---|---|---|
| Q1~Q5 | BCT1 관련 문항 | '건강한 몸의 느낌' 관련 5개 문항 |
| Q6~Q10 | BCT2 관련 문항 | '건강한 자기관리' 관련 5개 문항 |
| Q11~Q15 | BCT3 관련 문항 | '행복' 관련 5개 문항 |
| Q16~Q20 | BCT4 관련 문항 | '평화' 관련 5개 문항 |
| BF | 건강한 몸의 느낌 | 높을수록 몸의 느낌이 건강하다 |
| BM | 건강한 자기관리 | 높을수록 건강을 위한 자기관리를 잘한다 |
| Happiness | 행복 | 높을수록 행복한 성향이 높다 |
| Peace | 평화 | 높을수록 평화적인 성향이 높다 |

사회경제적 지위 및 응답자 특성을 나타내는 2개 문항에 대한 변수명, 변수정의 및 변수설명은 <표 1-4>와 같다.

**〈표 1-4〉 응답자의 사회경제적 지위 및 특성 변수**

| 변수명 | 변수정의 | 변수설명 |
|---|---|---|
| Gender | 성별 | 0=여자, 1=남자 |
| EDU | 교육정도 | 1=중졸 이하, 2=고졸 또는 중퇴, 3=대졸 또는 중퇴, 4=대학원 졸업 또는 중퇴 |

Data1.xls 파일을 R-언어가 사용할 수 있도록 읽어 들이는 방법은 다음과 같다.

1. Excel에서 Data1.xls 파일을 읽어 들인다.
2. **다른 이름으로 저장**을 클릭한다.
3. '파일 이름'과 '파일 형식'을 다음과 같이 지정한 후 **저장(S)**을 클릭한다.

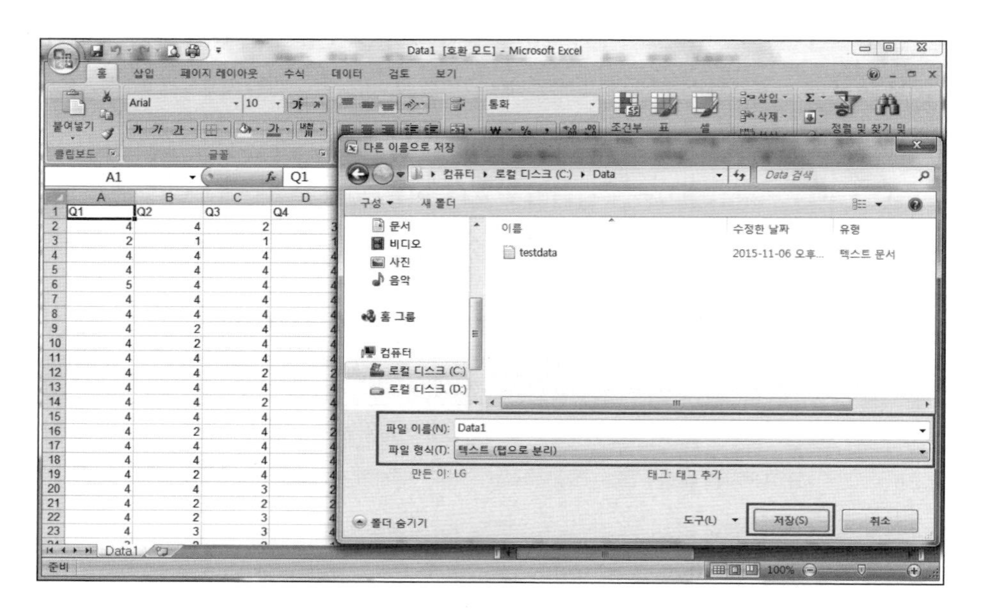


이제 R에서 testdata를 읽어 들이면 된다.

```
> Data1 = read.delim("c:\\Data\\Data1.txt")
> nrow(Data1)
[1] 1925
```

출력결과를 살펴보면, Data1.txt 파일을 불러들이고, 데이터의 수가 1,925인 것을 확인할 수 있다. Data1을 입력하면 전체 데이터의 내용을 확인할 수 있다. 이 책에서 사용하고 있는 대부분의 통계모형을 위해서 필요한 변수는 '건강한 몸의 느낌(BF)', '건강한 자기관리(BM)', '행복(Happiness)', '평화(Peace)', '성별(Gender)', '교육정도(EDU)'이기 때문에 Data1 데이터 프레임으로부터 이들 변수만을 추출하여 새로운 데이터 프레임 data1로 지정하기로 한다.

```
> data1 = subset(Data1, select=c("Gender", "EDU", "BF", "BM", "Happiness",
"Peace"))
> summary(data1)
     Gender              EDU                  BF                   BM
 Min.    :0.0000   Min.    :1.000    Min.    :1.000    Min.    :1.000
 1st Qu.:0.0000   1st Qu.:2.000    1st Qu.:2.600    1st Qu.:2.400
 Median :0.0000   Median :3.000    Median :3.200    Median :3.000
 Mean   :0.4099   Mean    :2.616    Mean    :3.172    Mean    :2.976
 3rd Qu.:1.0000   3rd Qu.:3.000    3rd Qu.:3.800    3rd Qu.:3.600
 Max.   :1.0000   Max.    :4.000    Max.    :5.000    Max.    :5.000
   Happiness            Peace
 Min.     :1.400   Min.    :1.200
 1st Qu. :3.000   1st Qu.:3.200
 Median  :3.600   Median :3.600
 Mean    :3.547   Mean   :3.564
 3rd Qu. :4.000   3rd Qu.:4.000
 Max.    :5.000   Max.    :5.000
```

출력결과를 살펴보면, data1 데이터 프레임의 모든 변수들에 대한 주요 기술통계량이 계산되어 출력된 것을 알 수 있다.

특정 데이터 프레임에 있는 변수에 대한 통계분석을 실시할 경우 어느 데이터 프레임의 어느 변수를 사용하는지를 나타내는 방법은 네 가지가 있다. data1 데이터 프레임의 '행복(Happiness)' 변수에 대한 평균을 구하는 네 가지 방법을 살펴보자.

### 1) attach() 함수를 사용하는 방법

```
> attach(data1)
The following objects are masked from data1 (pos = 3):
    BF, BM, EDU, Gender, Happiness, Peace
> mean(Happiness)
[1] 3.547065
> detach(data1)
```

### 2) data1$Happiness 형태를 사용하는 방법

```
> mean(data1$Happiness)
[1] 3.547065
```

### 3) 함수 내에서 데이터 프레임을 지정하는 방법

```
> mean(Happiness, data=data1)
[1] 3.547065
```

### 4) with() 함수를 사용하는 방법

```
> with(data1, mean(Happiness))
[1] 3.547065
```

위의 네 가지 방법 중에서 어느 방법을 선택할 것인가는 연구자의 마음이다. 이 책에서는 이를 적절히 혼용하여 사용할 것이다.

## 3.2 예제 데이터 II(Data2.xls)

예제 데이터 II(Data2.xls)는 유아를 대상으로 두 가지의 유아교육 프로그램이 유아의 정서조절능력 및 사고력 증진에 도움이 되는지를 살펴보기 위하여 실험연구를 한 데이터이다. 정서조절능력은 사전, 사후(사후1), 추후(사후2) 세 번에 걸쳐 측정되었으며, 사고력은 사전 및 사후 두 번에 걸쳐 측정되었다. “Data2.xls”에 대한 변수명, 변수정의 및 변수설명은 <표 1-5>와 같다.

〈표 1-5〉 예제 데이터 II(Data2)에 대한 변수명, 변수정의 및 변수설명

| 변수명 | 변수정의 | 변수설명 |
|---|---|---|
| Group | 집단번호 | 1=실험1집단, 2=실험2집단, 3=통제집단 |
| ID | 유아번호 | 학생 번호 |
| AGE | 연령 | 사전검사 시의 유아의 연령(개월) |
| AgeGroup | 연령 집단 | 연령이 66개월 이하인 집단(Low)과 66개월 초과 집단(High) |
| MQ.0 | 사전 정서조절 능력 | 높을수록 정서조절능력이 높다 |
| MQ.1 | 사후 정서조절 능력 | 높을수록 정서조절능력이 높다 |
| MQ.2 | 추후 정서조절 능력 | 높을수록 정서조절능력이 높다 |
| BQ.0 | 사전 사고력 | 높을수록 사고력이 높다 |
| BQ.1 | 사후 사고력 | 높을수록 사고력이 높다 |
| G1 | 실험집단1 | 1=실험1집단(정서조절능력 향상 프로그램 집단), 0=기타 집단(실험2집단, 통제집단) |
| G2 | 실험집단2 | 1=실험2집단(사고력 향상 프로그램 집단), 0=기타 집단(실험1집단, 통제집단) |
| G3 | 통제집단 | 1=통제집단, 0=기타 집단(실험1집단, 실험2집단) |

Excel 파일로 저장된 Data2.xls 데이터 파일을 Excel에서 Data2.txt 파일로 저장하는 방법은 앞의 Data1.xls 데이터 파일을 Excel에서 Data1.txt 파일로 저장하는 방법과 동일하다.

```
> Data2 = read.delim("c:\\Data\\Data2.txt")
> Data2
   Group ID AGE AgeGroup MQ.0 MQ.1 MQ.2   BQ.0   BQ.1 G1 G2 G3
1  실험1  1  72  Age High 2.15 3.23 3.84 331.71 273.17  1  0  0
2  실험1  2  66   Age Low 2.50 3.11 3.81 310.83 301.88  1  0  0
3  실험1  3  70  Age High 2.21 2.84 3.51 315.26 224.46  1  0  0
4  실험1  4  73  Age High 2.37 3.37 4.03 222.07 241.25  1  0  0
5  실험1  5  66   Age Low 2.15 2.86 3.38 336.48 284.11  1  0  0
                              (중략)
86  통제 26  59   Age Low 2.09 1.97 1.97 252.61 239.55  0  0  1
87  통제 27  71  Age High 2.48 2.76 2.78 245.89 305.59  0  0  1
88  통제 28  71  Age High 2.21 2.48 2.71 208.16 240.67  0  0  1
89  통제 29  67  Age High 2.36 2.49 2.75 252.50 281.00  0  0  1
90  통제 30  74  Age High 2.06 2.44 2.58 210.81 158.62  0  0  1
```

출력결과를 살펴보면, Data2 데이터 프레임의 모든 변수들의 모든 관측값이 출력된 것을 알 수 있다.

```
> xtabs(~Group, data=Data2)
Group
실험1 실험2  통제
  30    30   30
```

출력결과를 살펴보면, Data2 데이터 프레임의 각 집단별 관측의 수는 30명이라는 것을 확인할 수 있다.

## 3.3 실습 데이터(Data3.xls)

실습 데이터 "Data3.xls"는 특정 업종에 종사하고 있는 여성 직장인 422명을 대상으로 설문조사한 자료로 결혼여부, 직장경력, 셀프리더십(18 문항), 정서지능(20 문항), 조직몰입(9 문항), 직무만족(14 문항), 업무성과(17 문항)를 조사한 것이다. 모든 척도는 Likert 5

점 척도(1=전혀 그렇지 않다, 2=그렇지 않다, 3=보통이다, 4=그렇다, 5=매우 그렇다)로 구성되어 있으며, 각 변수는 해당되는 문항들의 평균으로 계산되었다. "Data3.xls"에 대한 변수명, 변수정의 및 변수설명은 <표 1-6>과 같다.

**〈표 1-6〉 실습 데이터(Data3)에 대한 변수명, 변수정의 및 변수설명**

| 변수명 | 변수정의 | 변수설명 |
|---|---|---|
| Marriage | 결혼상태 | 미혼=1, 기혼=2 |
| CYear | 직무경력 | 1년 미만=1, 5년 미만=2, 10년 미만=3, 10년 이상=4 |
| SelfL | 셀프리더십 | 높을수록 셀프리더십이 높다 |
| EmoQ | 정서지능 | 높을수록 정서지능이 높다 |
| OrgE | 조직몰입 | 높을수록 조직몰입이 높다 |
| JobS | 직무만족 | 높을수록 직무만족이 높다 |
| Perf | 업무성과 | 높을수록 업무성과가 높다 |

Excel 파일로 저장된 Data3.xls 데이터 파일을 Excel에서 Data3.txt 파일로 저장하는 방법은 앞의 Data1.xls 데이터 파일을 Excel에서 Data1.txt 파일로 저장하는 방법과 동일하다.

```
> Data3 = read.delim("c:\\Data\\Data3.txt")
> summary(Data3)
    Marriage         CYear           SelfL          EmoQ           OrgE
 Min.   :1.000  Min.   :1.000  Min.   :2.230  Min.   :2.330  Min.   :1.560
 1st Qu.:1.000  1st Qu.:2.000  1st Qu.:3.200  1st Qu.:3.373  1st Qu.:2.440
 Median :1.000  Median :2.000  Median :3.470  Median :3.580  Median :2.890
 Mean   :1.235  Mean   :2.464  Mean   :3.471  Mean   :3.575  Mean   :2.862
 3rd Qu.:1.000  3rd Qu.:3.000  3rd Qu.:3.730  3rd Qu.:3.830  3rd Qu.:3.110
 Max.   :2.000  Max.   :4.000  Max.   :4.430  Max.   :4.720  Max.   :4.670
      JobS            Perf
 Min.   :1.830  Min.   :2.330
 1st Qu.:2.730  1st Qu.:3.230
 Median :3.000  Median :3.600
 Mean   :2.993  Mean   :3.579
 3rd Qu.:3.250  3rd Qu.:3.900
 Max.   :4.420  Max.   :5.000
> nrow(Data3)
[1] 422
```

출력결과를 살펴보면, Data3 데이터 프레임의 422명에 대한 모든 변수의 주요 기술통계량이 계산되어 출력된 것을 알 수 있다.

## 3.4 주요 패키지 설치하기

R-프로그램을 효과적으로 사용하기 위해서는 **base, stats, utils, graphics** 등 기본적으로 제공되는 패키지 외에 사용자가 개발하여 검증을 거쳐 공개적으로 올려놓은 개별적인 패키지를 인스톨하여 사용하는 것이 효과적이다. 사용자가 개발하여 공개한 패키지 중 이 책에서 사용하고 있는 패키지는 **car, psych, mixlm, multcomp, lavaan** 등이 있다.

패키지를 설치하는 방법은 install.packages() 함수를 이용한다. 설치된 패키지를 R-언어를 새로 열고서 사용하기 위해서는 library() 함수를 사용하고, 사용을 중지하기 위해서는 detach() 함수를 사용한다.

우선 **car** 패키지를 설치하는 방법을 살펴보자.

**1.** 콘솔 창에서 다음과 같이 코드를 입력한다.

```
> install.packages("car")
```

**2.** 다음 단계로 HTTPS CRAN Mirror 상자에서 아무 사이트나 선택한 다음(여기서는 "Austria [https]"를 선택하였다) OK를 클릭한다.

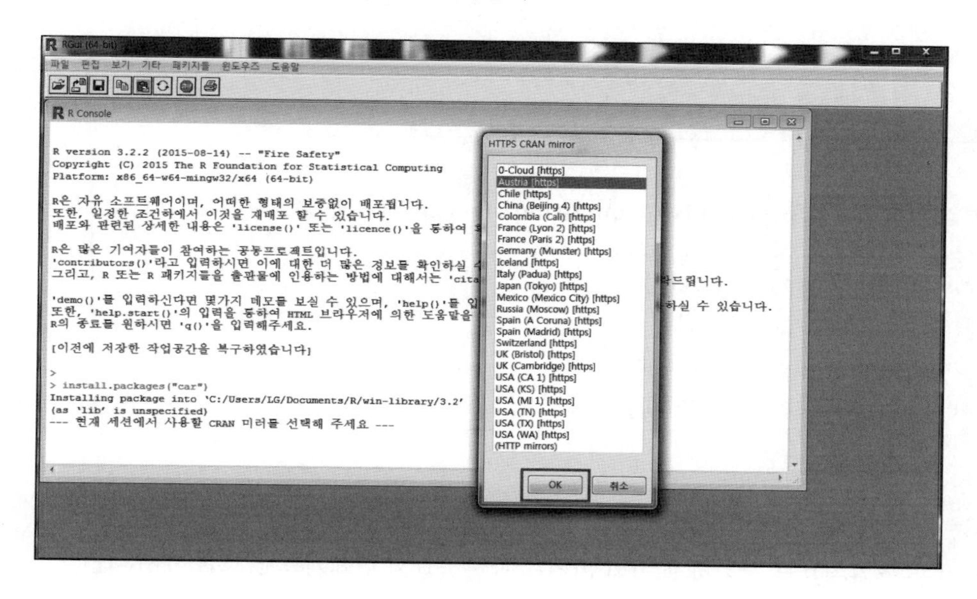

```
R Console

>
> install.packages("car")
Installing package into 'C:/Users/LG/Documents/R/win-library/3.2'
(as 'lib' is unspecified)
--- 현재 세션에서 사용할 CRAN 미러를 선택해 주세요 ---
also installing the dependencies 'lme4', 'pbkrtest'

URL 'https://cran.wu.ac.at/bin/windows/contrib/3.2/lme4_1.1-10.zip'을 시도합니다
Content type 'application/zip' length 4787504 bytes (4.6 MB)
downloaded 4.6 MB

URL 'https://cran.wu.ac.at/bin/windows/contrib/3.2/pbkrtest_0.4-4.zip'을 시도합니다
Content type 'application/zip' length 211216 bytes (206 KB)
downloaded 206 KB

URL 'https://cran.wu.ac.at/bin/windows/contrib/3.2/car_2.1-1.zip'을 시도합니다
Content type 'application/zip' length 1432783 bytes (1.4 MB)
downloaded 1.4 MB

패키지 'lme4'를 성공적으로 압축해제하였고 MD5 sums 이 확인되었습니다
패키지 'pbkrtest'를 성공적으로 압축해제하였고 MD5 sums 이 확인되었습니다
패키지 'car'를 성공적으로 압축해제하였고 MD5 sums 이 확인되었습니다

다운로드된 바이너리 패키지들은 다음의 위치에 있습니다
        C:\Users\LG\AppData\Local\Temp\Rtmp2hGBsn\downloaded_packages
> |
```

3. 동일한 방법으로 **psych, mixlm, multcomp, lavaan** 패키지를 설치한다.

```
> install.packages("psych")
> install.packages("mixlm")
> install.packages("multcomp")
> install.packages("lavaan")
```

4. R-언어에 기본적으로 설치된 패키지 외에 **car, psych, mixlm, multcomp, lavaan** 패키지 등 추가적으로 설치한 패키지 리스트를 살펴보기 위해서는 다음과 같이 한다.

```
> library()
```

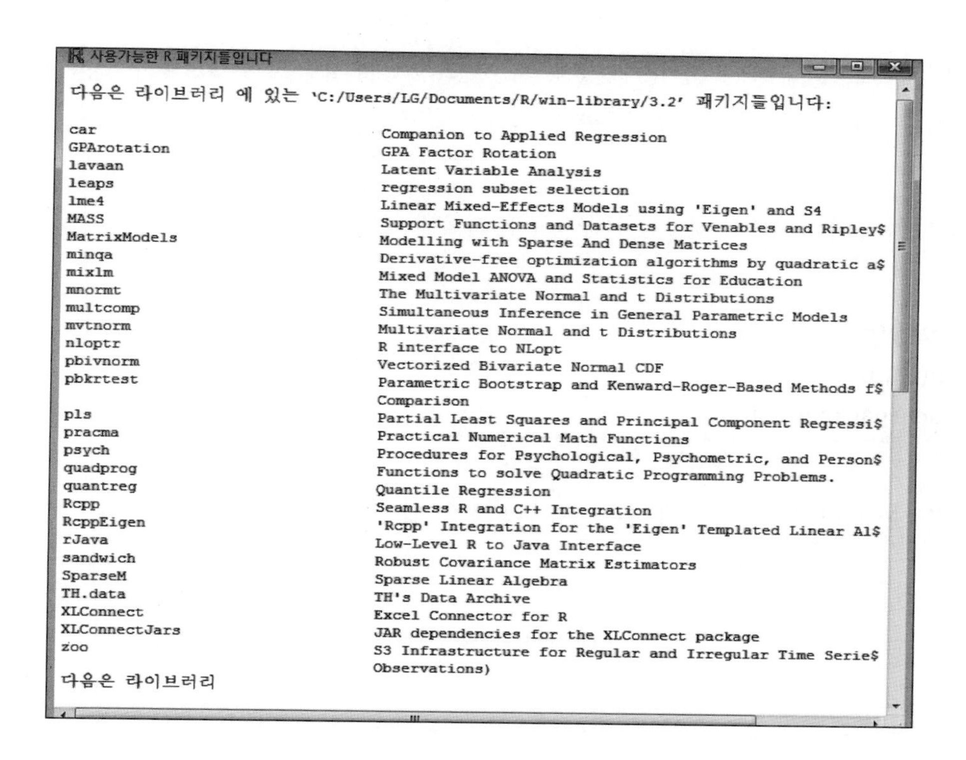


R-언어를 새로 열고서 미리 설치된 패키지를 사용하기 위해서는 library() 함수를 사용하고, 사용을 중지하기 위해서는 detach() 함수를 사용한다. 예를 들어 **car** 패키지를 사용한 후 사용을 중지하기 위해서는 다음과 같이 한다. 특정 패키지를 사용한 후 detach() 함수를 이용하여 그 패키지의 사용을 중지할 것을 선언하는 이유는 특정 패키지의 함수 이름이 다른 패키지와 중복될 경우 사용에 혼란을 초래하기 때문에 이를 방지하기 위함이다.

```
> library(car)
> detach(package:car)
```

이 책에서는 혼동을 피하기 위하여 본문에서는 R-언어의 명령어 또는 함수 뒤에 ()를 표기하여 R-언어 함수임을 표시하고, 패키지를 나타내기 위하여 패키지 이름의 활자체를 진하게 표기하기로 한다. 예를 들어 **base** 패키지의 summary() 함수와 같이 표기한다.

R-언어에 기본적으로 설치된 패키지 외에 추가로 설치된 **car, psych, mixlm, multcomp, lavaan** 패키지에 대한 간단한 정보를 알아볼 필요가 있다.

**car** 패키지에 대한 간단한 정보를 얻는 방법은 다음과 같다.

```
> library(car)
> help(car)
> detach(package:car)
```

출력결과는 인터넷 브라우저에 나타나며 그 내용의 일부는 다음과 같다.

car-package {car} R Documentation

**Companion to Applied Regression**

**Description**

Functions and Datasets to Accompany J. Fox and S. Weisberg, An R Companion to Applied Regression, Second Edition, Sage, 2011.

**Details**

| | |
|---|---|
| Package: | car |
| Version: | 2.1-1 |
| Date: | 2015-12-12 |
| Depends: | R (>= 3.2.0) |
| Imports: | MASS, mgcv, nnet, pbkrtest (>= 0.3-2), quantreg, grDevices, utils, stats, graphics |
| Suggests: | alr4, boot, leaps, lme4, lmtest, Matrix, MatrixModels, mgcv, nlme, rgl (>= 0.93.960), sandwich, SparseM, survival, survey |
| License: | GPL (>= 2) |
| URL: | http://CRAN.R-project.org/package=car, http://socserv.socsci.mcmaster.ca/jfox/Books/Companion, https://r-forge.r-project.org/projects/car/ |

**Author(s)**

John Fox <jfox@mcmaster.ca> and Sanford Weisberg. We are grateful to Douglas Bates, Gabriel Baud-Bovy, David Firth, Michael Friendly, Gregor Gorjanc, Spencer Graves, Richard Heiberger, Rafael Laboissiere, Georges Monette, Henric Nilsson, Derek Ogle, Brian Ripley, Achim Zeleis, and R Core for various suggestions and contributions.

Maintainer: John Fox <jfox@mcmaster.ca>

**car** 패키지는 'Companion to Applied Regression'의 약자로 Fox & Weiberg(2011)에 의해서 개발된 패키지임을 알 수 있다.

다음으로 **psych** 패키지에 대한 간단한 정보를 얻는 방법은 다음과 같다.

```
> library(psych)
> help(psych)
> detach(package:psych)
```

출력결과는 인터넷 브라우저에 나타나며 그 내용의 일부는 다음과 같다.

00.psych {psych} R Documentation

**A package for personality, psychometric, and psychological research**

**Description**

Overview of the psych package.

The psych package has been developed at Northwestern University to include functions most useful for personality and psychological research. Some of the functions (e.g., `read.clipboard`, `describe`, `pairs.panels`, `error.bars` ) are useful for basic data entry and descriptive analyses. Use help(package="psych") for a list of all functions. Two vignettes are included as part of the package. The overview provides examples of using psych in many applications.

Psychometric applications include routines (`fa` for principal axes (fm="pa"), minimum residual (fm="minres"), maximum likelihood (fm="mle") and weighted least squares (fm="wls") factor analysis as well as functions to do Schmid Leiman transformations (`schmid`) to transform a hierarchical factor structure into a bifactor solution. Factor or components transformations to a target matrix include the standard Promax transformation (`Promax`), a transformation to a cluster target, or to any simple target matrix (`target.rot`) as well as the ability to call many of the GPArotation functions. Functions for determining the number of factors in a data matrix include Very Simple Structure (`VSS`) and Minimum Average Partial correlation (`MAP`). An alternative approach to factor analysis is Item Cluster Analysis (`ICLUST`). Reliability coefficients alpha (`score.items`, `score.multiple.choice`), beta (`ICLUST`) and McDonald's omega (`omega` and `omega.graph`) as well as Guttman's six estimates of internal consistency reliability (`guttman`) and the six measures of Intraclass correlation coefficients (`ICC`) discussed by Shrout and Fleiss are also available.

**psych** 패키지는 Northwestern University에서 심리학 연구를 위하여 개발된 패키지임을 알 수 있다.

다음으로 **mixlm** 패키지에 대한 간단한 정보를 얻는 방법은 다음과 같다.

```
> llibrary(mixlm)
> help(mixlm)
> detach(package:mixlm)
```

출력결과는 인터넷 브라우저에 나타나며 그 내용의 일부는 다음과 같다.

lm {mixlm} R Documentation

**Fitting Linear Models**

**Description**

`lm` is used to fit linear models. It can be used to carry out regression, single stratum analysis of variance and analysis of covariance (although `aov` may provide a more convenient interface for these). The version distributed through the package mixlm extends the capabilities with balanced mixture models and `lmer` interfacing. Random effects are indicated by wrapping their formula entries in `r()`. Also, effect level names are kept in printing.

**Usage**

```
lm(formula, data, subset, weights, na.action,
   method = "qr", model = TRUE, x = FALSE, y = FALSE, qr = TRUE,
   singular.ok = TRUE, contrasts = NULL, offset, unrestricted = TRUE, REML = NULL, ...)
```

**Arguments**

`formula`
: an object of class "`formula`" (or one that can be coerced to that class): a symbolic description of the model to be fitted. The details of model specification are given under 'Details'.

`data`
: an optional data frame, list or environment (or object coercible by `as.data.frame` to a data frame) containing the variables in the model. If not found in `data`, the variables are taken from `environment(formula)`, typically the environment from which `lm` is called.

(중략)

**Note**

Offsets specified by `offset` will not be included in predictions by `predict.lm`, whereas those specified by an offset term in the formula will be.

**Author(s)**

The design was inspired by the S function of the same name described in Chambers (1992). The implementation of model formula by Ross Ihaka was based on Wilkinson & Rogers (1973). Mixed model extensions by Kristian Hovde Liland.

**References**

Chambers, J. M. (1992) *Linear models.* Chapter 4 of *Statistical Models in S* eds J. M. Chambers and T. J. Hastie, Wadsworth & Brooks/Cole.

Wilkinson, G. N. and Rogers, C. E. (1973) Symbolic descriptions of factorial models for analysis of variance. *Applied Statistics*, **22**, 392–9.

**mixlm** 패키지는 선형모형(Linear Models)의 적합을 위한 패키지로 Chamber(1992)의 책에서 다룬 내용을 기반으로 Ihaka에 의해서 구현되었고, Liland에 의해서 확장되었다는 것을 알 수 있다.

다음으로 **multcomp** 패키지에 대한 간단한 정보를 얻는 방법은 다음과 같다.

```
> library(multcomp)
> ??multcomp
> detach(package:multcomp)
```

출력결과는 인터넷 브라우저에 나타나며 그 내용은 다음과 같다.

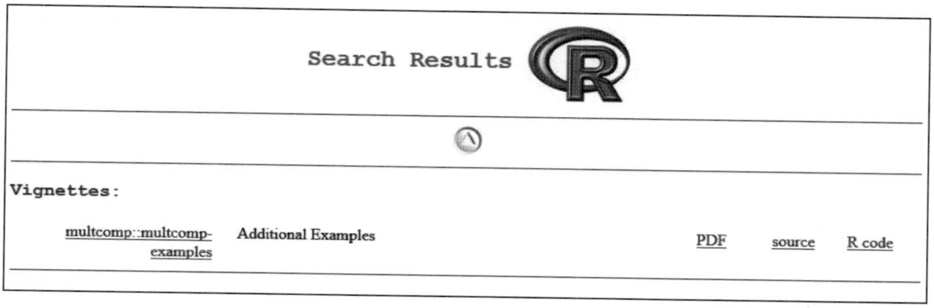

Search Results

Vignettes:

| multcomp::multcomp-examples | Additional Examples | PDF | source | R code |
|---|---|---|---|---|

인터넷 브라우저에 나타난 출력결과 중 PDF를 클릭하면 다음과 같은 파일을 얻게 된다.

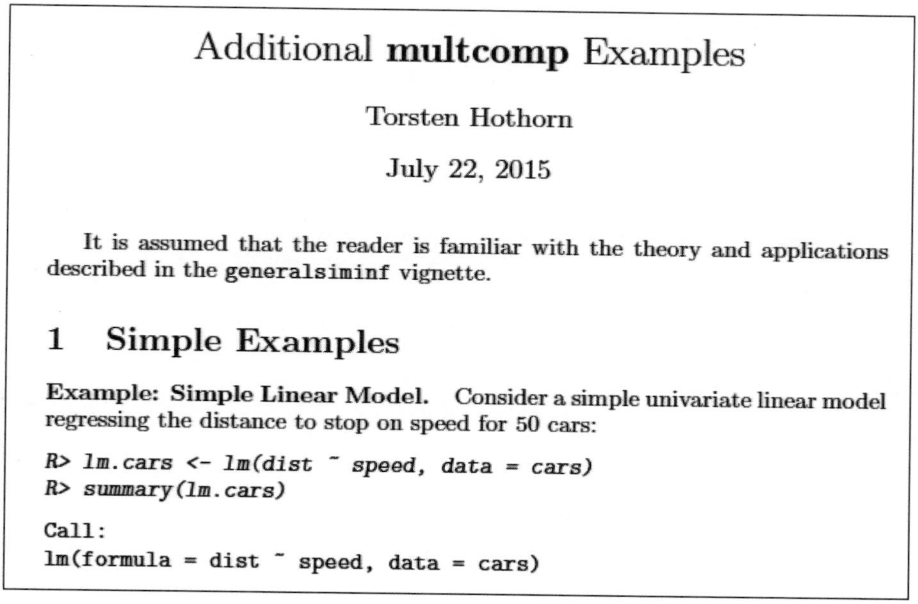

Additional **multcomp** Examples

Torsten Hothorn

July 22, 2015

It is assumed that the reader is familiar with the theory and applications described in the generalsiminf vignette.

1 Simple Examples

**Example: Simple Linear Model.** Consider a simple univariate linear model regressing the distance to stop on speed for 50 cars:

```
R> lm.cars <- lm(dist ~ speed, data = cars)
R> summary(lm.cars)

Call:
lm(formula = dist ~ speed, data = cars)
```

다음으로 **lavaan** 패키지에 대한 간단한 정보를 얻는 방법은 다음과 같다.

```
> llibrary(lavaan)
> help(lavaan)
> detach(package:lavaan)
```

출력결과는 인터넷 브라우저에 나타나며 그 내용의 일부는 다음과 같다.

lavaan {lavaan} R Documentation

**Fit a Latent Variable Model**

**Description**

Fit a latent variable model.

**Usage**

```
lavaan(model = NULL, data = NULL,
    model.type = "sem", meanstructure = "default",
    int.ov.free = FALSE, int.lv.free = FALSE,
    conditional.x = "default", fixed.x = "default",
    orthogonal = FALSE, std.lv = FALSE,
    parameterization = "default", auto.fix.first = FALSE,
    auto.fix.single = FALSE, auto.var = FALSE, auto.cov.lv.x = FALSE,
    auto.cov.y = FALSE, auto.th = FALSE, auto.delta = FALSE,
    std.ov = FALSE, missing = "default", ordered = NULL,
    sample.cov = NULL, sample.cov.rescale = "default",
    sample.mean = NULL, sample.nobs = NULL, ridge = 1e-05,
    group = NULL, group.label = NULL, group.equal = "", group.partial = "",
    group.w.free = FALSE, cluster = NULL,
    constraints = "", estimator = "default",
    likelihood = "default", link = "default", information = "default",
    se = "default", test = "default", bootstrap = 1000L, mimic = "default",
    representation = "default", do.fit = TRUE, control = list(),
    WLS.V = NULL, NACOV = NULL,
    zero.add = "default", zero.keep.margins = "default",
    zero.cell.warn = TRUE, start = "default",
    slotOptions = NULL, slotParTable = NULL,
    slotSampleStats = NULL, slotData = NULL, slotModel = NULL,
    slotCache = NULL, verbose = FALSE, warn = TRUE, debug = FALSE)
```

(중략)

**Value**

An object of class lavaan, for which several methods are available, including a summary method.

**References**

Yves Rosseel (2012). lavaan: An R Package for Structural Equation Modeling. Journal of Statistical Software, 48(2), 1-36. URL http://www.jstatsoft.org/v48/i02/.

**See Also**

cfa, sem, growth

**Examples**

```
# The Holzinger and Swineford (1939) example
HS.model <- ' visual  =~ x1 + x2 + x3
              textual =~ x4 + x5 + x6
              speed   =~ x7 + x8 + x9 '

fit <- lavaan(HS.model, data=HolzingerSwineford1939,
              auto.var=TRUE, auto.fix.first=TRUE,
              auto.cov.lv.x=TRUE)
summary(fit, fit.measures=TRUE)
```

**lavaan** 패키지는 잠재변수모형(latent variable model)의 적합을 위해서 Yves Rosseel에 의해서 진행되고 있는 프로젝트의 일환임을 알 수 있다. 보다 자세한 내용은 프로젝트에 대한 웹사이트(http://lavaan.ugent.be/)를 참조하기 바란다.

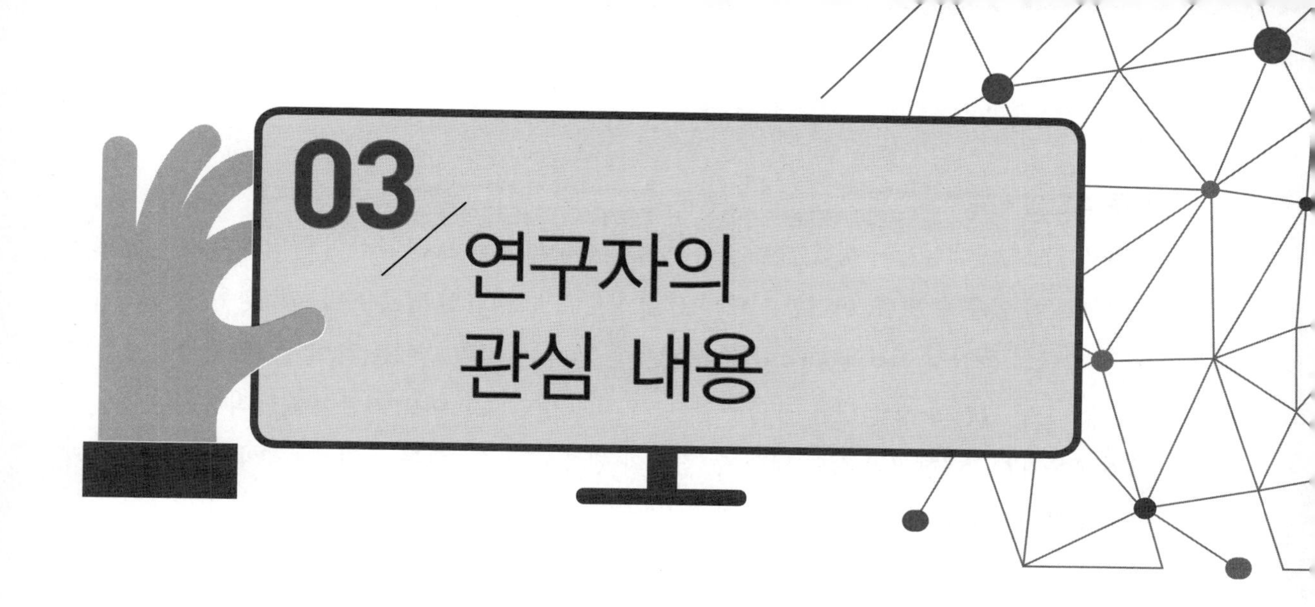


## 1 일반적인 연구자의 관심 내용

설문조사 및 실험연구에서 일반적으로 연구자가 관심을 가지고 있는 내용의 형태를 살펴보기로 하자. 가장 기본적으로 연구자는 연구대상이 되는 집단의 전체 평균 또는 집단 간의 평균 비교에 대하여 관심이 있을 수 있다. 예를 들어, "대한민국 성인의 평균 행복지수는 몇 점일까?"와 "성인 남녀 두 집단의 평균 행복지수는 같은가? 같지가 않다면 어느 집단의 평균 행복지수가 높은가?"와 같은 형태의 질문이다. 다음으로는 설명변수(독립변수)와 종속변수(반응변수)와의 관계에 대하여 관심이 있을 수 있다. 예를 들어, "건강한 몸의 느낌 점수가 높고 건강한 자기관리를 잘할수록 행복한가?"와 같은 질문 또는 "건강한 자기관리에 따라서 행복이 변화되는 선형관계가 남녀 집단에 따라서 같은가?"와 같은 질문이다.

### 1) 연구집단의 전체 평균

연구자는 연구집단 전체 또는 특정 집단의 특정 변수의 평균에 관심을 가지고 있을 수 있다. 예를 들어, "대한민국 성인의 평균 행복 점수는 몇 점일까?", "대한민국 30대 남성의 건강한 자기관리 점수는 얼마인가?"와 같은 형태의 질문은 모두 이 범주에 들어간다.

### 2) 두 집단의 비교

연구자는 연구대상을 구성하는 두 집단의 특정 변수의 평균 또는 분산이 동일한지 여부에 관심이 있을 수 있다. 이러한 형태의 관심 사항은 두 집단의 평균을 비교할 경우 또는 두 집단의 동질성 여부에 관심이 있을 경우에 흔히 제기된다. 예를 들어, "대한민국 성인 남녀 두 집단의 평균 행복 점수는 같은가? 같지가 않다면 어느 집단이 평균적으로 더 행복한가?", "대한민국 성인 남녀 두 집단의 행복의 표준편차는 동일한가?"와 같은 형태의 질문은 모두 이 범주에 들어간다.

### 3) 여러 집단의 비교

연구자는 연구대상을 구성하는 여러 집단(세 집단 이상)의 특정 변수의 평균 또는 분산이 동일한지 여부에 관심이 있을 수 있다. 이러한 형태의 관심 사항은 여러 집단의 평균을 비교할 경우에 흔히 제기된다. 예를 들어, "대한민국 성인의 교육정도에 따른 집단별 평균 행복 점수는 같은가? 같지가 않다면 어느 집단이 평균적으로 더 행복한가?"와 같은 형태의 질문이 이러한 범주에 들어간다.

### 4) 척도의 정규성

척도를 이용한 통계분석에서 많은 경우 척도에 대한 정규분포를 가정하는 경우가 많으며, 이럴 경우 척도 자체 또는 모형에서의 잔차(residual)에 대한 정규성 여부를 검정하는 것이 필요한 경우가 있다. 개념(또는 요인) 형태가 연구모형에 들어가는 경우는 물론 척도 자체를 명시변수(manifest variable)로 정의하여 연구모형에서 직접적으로 사용하는 경우가 많다. 예를 들어, '행복'에 대한 전체 평균에 대한 신뢰구간을 구하거나 남녀 두 집단의 평균 행복을 비교할 경우 표본집단의 크기가 작을 경우(일반적으로 30명 미만)에 해당되는 독립표본 t-검정을 사용하기 위해서는 '행복' 척도가 정규분포(normal distribution)를 따른다는 것을 가정할 수 있어야 한다. 척도를 명시변수로 정의하는 경우 일반적으로는 척도를 구성하는 문항에 대한 응답 값을 전부 더하거나 평균을 구하여 척도의 값으로 설정한다. 여기서 연구자는 척도의 값이 정규분포를 따르는지 여부를 검정할 필요가 있는 경우에 척도에 대한 정규성 검정(normality test)을 한다. 다중회귀분석에서는 모형의 잔차에 대한 정규성 검정이 요구된다.

## 5) 두 변수 간의 상관관계

연구자는 연구주제와 관련된 두 변수 간의 선형관계에 관심이 있을 수 있다. 이러한 형태의 관심 사항은 두 변수의 관계가 양[또는 정(正)]의 관계인지 음[또는 부(負)]의 관계인지를 파악할 경우에 흔히 제기된다. 예를 들어, "건강한 자기관리와 행복은 양의 관계가 있는가? 아니면 음의 관계가 있는가?"와 같은 형태의 질문이 이러한 범주에 들어간다. 또한 두 변수와 관계가 있는 제3의 변수가 두 변수에 미치는 영향을 제거한 후 두 변수 간의 관계에 관심이 있는 경우도 있다. 예를 들어, "건강한 몸의 느낌이 건강한 자기관리와 행복에 미치는 영향을 제거한 후 건강한 자기관리와 행복은 양의 관계인가? 아니면 음의 관계인가?"와 같은 형태의 질문이 이 범주에 들어간다.

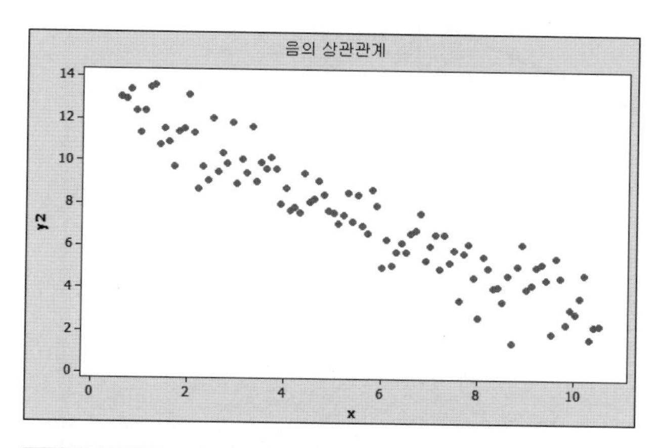


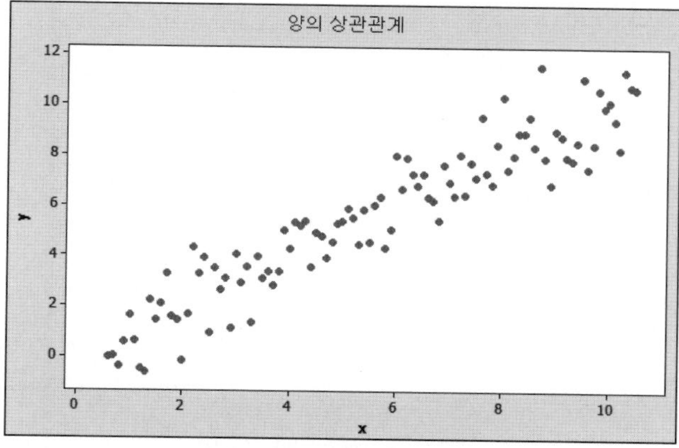


〈그림 1-3〉 양의 상관관계와 음의 상관관계

### 6) 설명변수와 반응변수의 선형관계

앞의 두 변수 간의 상관관계와는 달리 선행변수와 후행변수, 독립변수와 종속변수, 설명변수와 반응변수와 같이 두 변수의 역할이 정해져 있는 경우 두 변수 간의 구체적인 선형함수 관계에 관심이 있을 수 있다. 예를 들어, "건강한 자기관리 점수가 1점(또는 1표준편차) 증가할 경우 행복은 몇 점(또는 표준편차) 증가(또는 감소)하는가?"와 같은 형태의 질문이 이 범주에 들어간다. 하나의 반응변수에 대한 설명변수가 여러 개인 경우와 이들 설명변수 중 반응변수를 가장 잘 설명하는 변수의 선택에 관심이 있는 경우도 이러한 범주에 들어간다.

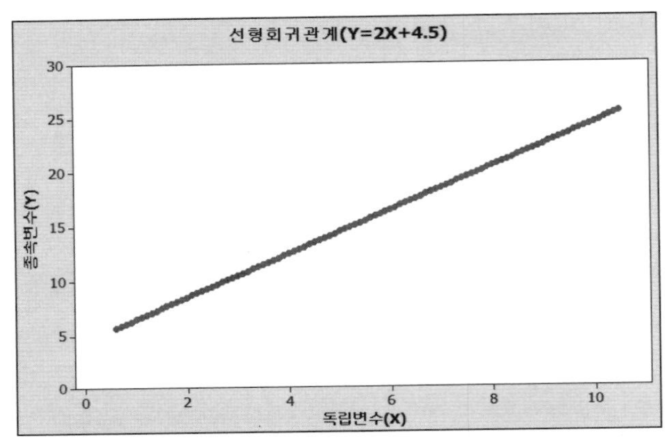


〈그림 1-4〉 선형 회귀관계

### 7) 집단에 따른 설명변수와 반응변수의 관계

연구자는 설명변수와 반응변수의 선형관계가 집단의 수준에 따라서 변하는지 아니면 변함이 없는지 관심이 있을 수 있다. 예를 들어, "건강한 자기관리와 행복의 관계가 남녀별로 동일한 형태를 나타내고 있는가? 아니면 성별에 따라서 그 형태를 달리하고 있는가?"와 같은 형태의 질문이 이러한 범주에 들어간다.

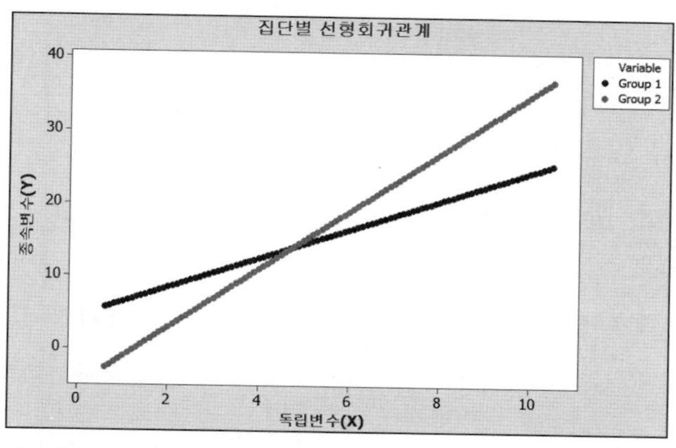

〈그림 1-5〉 집단별 선형 회귀관계

### 8) 척도(변수)의 정의 및 타당성

연구자는 조사연구에 사용된 문항들이 몇 개의 요인을 반영하고 있는지에 관심을 가질 수 있다. 관련된 분야에서의 척도가 부족하여 새로운 척도를 구성하려는 목적으로 탐색적 연구를 할 경우는 물론, 기존의 척도를 사용하는 경우에도 내 연구에서 기존의 척도가 그대로 적용될 수 있는지 확인하고자 하는 경우도 이러한 형태의 연구에 들어간다.

척도를 구성하고 있는 문항이 원래 연구자가 생각하고 있는 개념(또는 요인)을 반영하고 있다면 타당도가 높은 척도이다. 척도의 신뢰도(reliability)가 척도를 구성하는 문항들의 일관성(consistency) 또는 정밀성(precision)을 나타내고 있다면 척도의 타당도(validity)는 척도가 연구자가 생각하는 개념을 얼마나 정확하게 반영하고 있는지를 나타내는 정확성(accuracy)이라고 볼 수 있다.

### 9) 척도의 신뢰도

척도를 구성하는 문항이 동일한 개념(또는 요인)으로부터 반영되어 나온 것이라면 그 문항들은 서로 일관되게 비슷한 응답 형태를 나타내어야 한다. 이는 척도를 구성하는 문항들의 일관성(consistency)을 나타내면서 그 문항으로 구성되는 척도의 정밀성(precision)을 나타내고 있다. 정밀도가 높은 척도를 신뢰도(reliability)가 높은 척도라고 부른다.

### 10) 동질성 검정

실험연구에서 연구자가 특정 프로그램(처리, 개입)의 효과를 검증하기 위하여 그 프로그램을 적용한 실험집단, 다른 종류 또는 기존의 경쟁 프로그램을 적용한 비교집단, 아무런 프로그램도 적용하지 않은 통제집단을 대상으로 프로그램 적용 전(사전), 적용 후(사후), 일정한 기간이 지난 후(추후)에 측정한 변수의 값을 비교한다. 예를 들어, "두 가지 유아 대상 프로그램이 정서조절능력 향상 및 사고력 증진에 효과가 있는가? 효과가 있다면 정서조절능력 향상에 효과가 있는 프로그램은 무엇이며, 사고력 증진에 효과가 있는 프로그램은 무엇인가?"와 같은 질문이다.

실험연구에서 연구자는 실험집단과 통제집단의 비교를 통하여 특정 변수의 특정 값이 통제집단보다는 실험집단에서 더 증가(또는 감소)하였다는 것을 주장하고 싶은 경우가 있다. 예를 들어, "사고력 향상을 위한 프로그램을 부과한 실험집단의 사고력이 아무런 프로그램도 부과하지 않은 집단의 사고력보다 높게 나타났다"와 같은 형태의 주장을 하고 싶은 경우이다. 하지만 이러한 주장을 하기 이전에 실험집단과 통제집단의 사고력에 대한 사전 검사를 통하여 여러 집단의 동질성을 입증하여야 한다. 이는 자연스럽게 "실험집단과 통제집단은 사고력 측면에서 서로 동질적인가?"와 같은 형태의 질문으로 귀결된다. 사전 검사에 대한 동질성 검정은 공정한 게임을 위한 기본적인 작업이다.

### 11) 여러 개의 선형관계

반응변수가 여러 개 있고, 각 반응변수와 설명변수들이 선형관계를 동시에 연구모형으로 설정하는 경우가 있다. 이는 여러 개의 다중선형관계식을 하나의 연구모형으로 구성하여, 그 연구모형에 대한 적합성을 검증하는 경우이다.

설문조사 데이터(Data1)와 실험연구 데이터(Data2)에서 연구자가 관심을 가질 수 있는 내용을 정리하면 <표 1-7>과 같다.

〈표 1-7〉 설문조사 및 실험연구 데이터에서의 연구자의 관심 내용과 연구문제

| 번호 | 관심 내용 | 연구문제 |
|---|---|---|
| 1 | 연구집단의 전체 평균 | 대한민국 성인의 평균 행복지수는 얼마인가? |
| 2 | 두 변수의 평균 비교 | 대한민국 성인의 평균 행복과 평균 평화는 동일한가? |
| 3 | 두 집단의 비교 (평균, 분산) | 성인 남녀 두 집단의 평균 행복지수는 같은가?<br>같지 않다면 어느 집단의 평균 행복지수가 높은가? |
| 4 | 변수의 정규성 검정 | 행복 척도는 정규분포를 따르는가? |
| 5 | 비모수 검정 (일표본, Wilcoxon 비모수 검정, 이표본) | 정규분포를 따르지 않는 '행복' 척도는 3.5를 중심으로 대칭인가?<br>대한민국 성인의 행복 분포와 평화 분포의 위치모수는 동일한가?<br>대한민국 성인 남녀 두 집단의 행복 분포의 위치모수는 동일한가?<br>동일하지 않다면 어느 집단의 행복 분포의 위치모수가 더 큰가? |
| 6 | 변수변환 | 건강한 몸의 느낌, 건강한 자기관리, 행복, 평화 변수는 다변량 정규분포를 따르는가? |
| 7 | 상관분석 (영차, 편상관, 집단 비교) | 건강한 자기관리와 행복은 어떠한 상관관계가 있는가?<br>건강한 몸의 느낌의 영향을 제거한 후 건강한 자기관리와 행복의 상관관계는 어떠한가?<br>건강한 자기관리와 행복의 상관관계가 남녀별로 동일한가? |
| 8 | 선형 회귀모형 (단순, 다중, 변수선택) | 건강한 자기관리를 잘할수록 행복이 어떻게 달라지는가?<br>건강한 자기관리와 건강한 몸의 느낌이 변화함에 따라 행복은 어떻게 변화하는가?<br>성별, 교육정도, 건강한 몸의 느낌, 건강한 자기관리, 행복을 설명변수로 하여 종속변수인 평화를 설명하고자 한다. 적절한 설명변수는 무엇인가? |
| 9 | 분산분석 (일원 분산분석, Kruskal-Wallis 비모수 검정, 이원 분산분석) | 교육정도에 따라서 행복은 달라지는가?<br>대한민국 성인의 교육정도에 따른 네 집단의 행복 분포의 위치모수는 동일한가? 동일하지 않다면 어느 집단의 행복 분포의 위치모수가 더 큰가?<br>교육정도와 성별에 따라서 평화는 어떻게 다른가? |
| 10 | 공분산분석, 위계적 회귀분석 | 건강한 자기관리와 행복의 관계가 성별에 따라서 달라지는가?<br>연구자는 평화에 영향을 미치는 요인이 성별이고, 그다음에 건강한 몸의 느낌과 건강한 자기관리가 영향을 미치고, 마지막 단계에서 행복이 영향을 미친다고 생각하고 있다. 이러한 연구자의 생각은 근거가 있는가? |
| 11 | 최적모형 탐색 | 설명변수로 성별, 교육정도, 건강한 몸의 느낌, 건강한 자기관리, 행복, 그리고 이들 간의 모든 상호작용을 상정하고 종속변수인 평화를 설명력의 관점에서 최적인 모형은 무엇인가? |
| 12 | 동질성 검정 | 정서조절능력 향상을 위한 프로그램이 효과적인지를 살펴보고자 한다.<br>실험1집단, 실험2집단, 통제집단이 유아의 연령적인 측면에서 동질적인가? |

| 번호 | 관심 내용 | 연구문제 |
|---|---|---|
| 13 | 척도분석 (요인분석, 신뢰도 분석) | 문항 Q1~Q20은 몇 개의 요인으로 구성되어 있는가?<br>건강한 자기관리와 행복을 정의하는 문항들은 일관되게 동일하거나 비슷한 개념을 측정하고 있는가?<br>행복을 정의하는 문항들은 일관되게 동일하거나 비슷한 개념을 측정하고 있는가? |
| 14 | 경로분석 | 행복은 건강한 자기관리, 건강한 몸의 느낌, 교육정도에 영향을 받고, 평화는 건강한 자기관리, 건강한 몸의 느낌, 행복에 영향을 받는다고 한다. 이를 검증하시오. |

## 2 매개효과와 조절효과 분석

실전논문을 작성하는 경우 독립변수와 종속변수의 관계에서 제3의 변수가 개입될 경우 그 관계가 변하게 된다. 제3의 변수가 기존의 독립변수와 종속변수의 관계에 어떻게 영향을 미치고 어떠한 역할을 하는가에 따라서 제3의 변수를 매개변수 또는 조절변수라고 부른다.

매개변수(mediator)란 독립변수가 종속변수에 영향을 미치는 관계에 있어서 중간에서 중계자 역할을 하는 제3의 변수이다. 매개변수는 부분매개변수와 완전매개변수가 있다. 독립변수가 종속변수에 직접적으로 영향을 미치면서, 매개변수를 통하여 간접적으로 영향을 미치는 경우(독립변수가 매개변수에 직접적으로 영향을 미치고, 매개변수가 종속변수에 직접적으로 영향을 미치는 경우)의 매개변수를 부분매개변수라고 부르며, 독립변수가 종속변수에 직접적으로 영향을 미치지는 않지만, 매개변수를 통하여 간접적으로 영향을 미치는 경우(독립변수가 매개변수에 직접적으로 영향을 미치고, 매개변수가 종속변수에 직접적으로 영향을 미치는 경우)의 매개변수를 완전매개변수라고 부른다. 독립변수, 부분매개변수, 종속변수의 관계를 나타내는 모형을 부분매개모형이라고 부르며, 독립변수, 완전매개변수, 종속변수의 관계를 나타내는 모형을 완전매개모형이라고 부른다.

독립변수와 종속변수의 관계가 제3의 변수의 값 또는 수준에 따라서 다르게 나타나는 경우도 있다. 예를 들어, 자녀의 성적이 아버지의 행복에 긍정적인 영향을 미치지만, 아들의 경우보다 딸의 경우 더 큰 영향을 미치는 것으로 나타날 경우, 자녀의 성적과 아버지의 행복의 관계는 자녀의 성별에 따라서 그 함수관계가 다르게 나타나고, 이와 같이 그 변수의 값 또는 수준이 독립변수와 종속변수의 관계에 영향을 미치는 제3의 변수를 조절변수(moderating variable, moderator)라고 부른다.

## 3 실전논문 작성을 위한 연구자의 관심 내용

실증기반 논문을 작성하기 위해서는 일반적으로 연구자는 연구가설을 설정하고, 연구가설에 적합한 연구설계를 통하여 데이터를 수집하고, 연구가설에 적합한 통계분석을 실시하며, 그 분석결과를 정리하고 의미를 해석하는 과정을 거치게 된다.

연구가설의 형태에 따라서 적합한 통계분석 방법을 적용시키는 것은 매우 중요한 일이다. 여기에서는 실습 데이터를 토대로 연구자가 일반적으로 마주치게 되는 분석방법에 대한 실전적인 감각을 터득할 수 있도록 몇 가지 중요한 연구문제를 제시하고 그 분석방법을 다룬다. 그 내용은 독립성 검정, 이표본 t-검정, 분산분석, 매개효과 분석, 조절효과 분석, 위계적 회귀분석, 최적모형 탐색, 다변량 정규성 검정, 경로분석이며 구체적인 내용은 다음과 같다.

**[실습문제 1] 독립성 검정**

결혼상태와 직무경력은 서로 관계가 있는지 여부를 검증하시오.

**[실습문제 2] 이표본 t-검정**

결혼상태에 따라서 업무성과에 차이가 있는지를 검증하시오.

**[실습문제 3] 분산분석**

결혼상태와 직무경력 정도에 따라서 업무성과에 차이가 있는지를 검증하시오.

**[실습문제 4] 매개효과 분석**

셀프리더십과 업무성과의 관계에 있어서 정서지능의 매개효과를 검증하시오.

**[실습문제 5] 조절효과 분석**

셀프리더십과 정서지능이 업무성과에 영향을 미치는 관계에서 결혼상태의 조절효과를 검증하시오.

**[실습문제 6] 위계적 회귀분석**

결혼상태, 직무경력, 셀프리더십, 정서지능, 조직몰입, 직무만족이 업무성과에 영향을 미치는 단계별 변화를 살펴보기 위하여 위계적 회귀분석을 아래와 같은 단계로 설정하고 분석하시오.

1단계: 결혼상태, 직무경력

2단계: 셀프리더십

3단계: 정서지능, 조직몰입

4단계: 직무만족

**[실습문제 7] 최적모형 탐색**

결혼상태, 직무경력, 셀프리더십, 정서지능, 조직몰입, 직무만족이 업무성과에 영향을 미치는 관계에 대한 최적모형을 탐색하시오(유의수준은 .1로 설정하시오).

**[실습문제 8] 다변량 정규성 검정**

셀프리더십, 정서지능, 조직몰입, 직무만족, 업무성과의 다변량 정규성을 검정하고 정규성을 만족시키지 못하는 변수에 대한 최적 변수변환 형태를 정의하시오.

**[실습문제 9] 경로분석**

연구자는 초기 연구모형을 다음과 같이 설정하였다.

업무성과는 셀프리더십, 정서지능제곱, 조직몰입, 직무만족에 영향을 받고,

직무만족은 조직몰입과 정서지능제곱에 영향을 받고,

정서지능제곱은 셀프리더십에 영향을 받고,

조직몰입은 셀프리더십에 영향을 받는다.

연구자의 초기 연구모형을 검증하고 수정된 모형을 탐색하시오.

# 2장 기초 분석 I

01 연구집단의 전체 평균
02 두 변수의 평균 비교
03 두 집단의 평균 비교
04 정규성 검정
05 비모수 검정

# 01 연구집단의 전체 평균

**연구문제 1**

대한민국 성인의 평균 행복지수는 얼마인가?

**[연구문제 해결을 위한 통계분석 설명]**

[연구문제 1]과 같이 모집단의 전체 평균에 관심을 가지고 있는 경우에는 표본의 크기가 작을 경우(일반적으로 30명 미만)에는 행복지수가 정규분포를 따른다는 것을 가정하여야 한다(정규성을 가정할 수 없는 경우에는 Wilcoxon 부호순위검정과 같은 비모수적인 통계분석 방법을 사용한다). 하지만 표본의 크기가 클 경우(일반적으로 30명 이상)에는 중심극한정리에 의해서 행복지수의 정규성 여부에 관계없이 일표본 t-검정(one-sample t-test)을 사용할 수 있다.

```
> attach(data1)
> t.test(Happiness)

        One Sample t-test

data:  Happiness
t = 208.06, df = 1924, p-value < 2.2e-16
alternative hypothesis: true mean is not equal to 0
95 percent confidence interval:
 3.513629 3.580501
sample estimates:
mean of x
 3.547065
```

위의 출력결과는 다음과 같은 R 명령으로도 구할 수 있다.

```
> t.test(data1$Happiness)
```

'행복(Happiness)' 척도에 대한 95% 신뢰구간(confidence interval)은 (3.51, 3.58)로 계산되었다. 이는 대한민국 성인을 연구대상으로 하여 1,925명을 표본으로 추출하여 설문조사한 데이터로부터 '행복' 척도(최소 1점, 최대 5점)에 대한 95% 신뢰구간을 구한 결과 신뢰하한이 3.51, 신뢰상한이 3.58로 계산되었다는 것을 의미한다. 모집단의 평균에 대한 95% 신뢰구간이 의미하는 바는 이론적으로 가능한 모든 표본의 표본평균을 기반으로 구한 모평균에 대한 95% 신뢰구간들 중 95%의 신뢰구간이 실제적으로 모집단의 평균을 포함하고 있다는 의미이다. 이를 현실적으로 해석하면 대한민국 성인의 평균 행복지수를 1,925명으로 이루어진 표본으로부터 얻은 자료를 토대로 판단컨대 최소 3.51, 최대 3.58 사이에 있을 가능성이 95% 정도라고 볼 수 있다. 여기서 95%는 연구자의 주장(귀무가설)이 실제적으로 진실(true)인 경우에 연구자가 귀무가설을 채택할 가능성을 나타내는 값으로 신뢰수준(confidence level)이라고 부른다. 반면에 1에서 신뢰수준을 뺀 값을 유의수준(significance level)이라고 부르며, 이는 연구자의 귀무가설이 실제적으로 진실(true)임에도 불구하고 연구자가 귀무가설을 기각할 가능성을 나타내는 값으로 잘못된 의사결정을 할 확률을 나타내는 값이다. 연구자가 잘못된 의사결정을 할 확률(유의수준)

을 낮게 설정하고 싶다면 유의수준을 5%에서 1% 정도로 낮출 수도 있다. 이럴 경우 신뢰수준은 95%에서 99%로 증가하게 된다. 신뢰수준 99%에서 '행복'에 대한 신뢰구간을 구하는 방법은 다음과 같다.

```
> t.test(Happiness, conf.level=.99)

        One Sample t-test

data:  Happiness
t = 208.06, df = 1924, p-value < 2.2e-16
alternative hypothesis: true mean is not equal to 0
99 percent confidence interval:
 3.503107 3.591023
sample estimates:
mean of x
 3.547065
```

출력결과를 살펴보면, '행복(Happiness)'에 대한 99% 신뢰구간은 (3.50, 3.59)로 95% 신뢰구간보다 하한과 상한의 폭이 더 넓은 것을 알 수 있다. 이는 대한민국 성인 전체의 평균 행복이 얼마인지는 모르지만 그 구간 안에 있을 가능성은 높아지면서 정밀성은 떨어지는 결과를 초래하는 것이다.

전체 평균 행복의 값이 3.5라고 연구자가 생각할 경우 이를 다음과 같이 검정할 수 있다.

```
> t.test(Happiness, mu=3.5)

        One Sample t-test

data:  Happiness
t = 2.7606, df = 1924, p-value = 0.005824
alternative hypothesis: true mean is not equal to 3.5
95 percent confidence interval:
 3.513629 3.580501
sample estimates:
mean of x
 3.547065
```

전체 평균 행복이 3.5라는 귀무가설에 대한 유의확률(significance probability)을 나타내는 $p$-값($p$-value)은 .005로 유의수준 .05보다 작게 나타났다. 따라서 유의수준 5%에서 평균 행복이 3.5라는 귀무가설은 기각된다.

■ **주요 개념**

- 신뢰수준(confidence interval)
- 유의수준(significwnance level)
- 유의확률(p-value)
- 일표본 t-검정(one-sample t-test)

- stats 패키지
  - `t.test`

**1) R 함수에 대한 도움 요청**

R 함수에 대한 구체적인 내용을 알기 원할 경우 언제든지 R에서 'help(R 함수)'를 치면 된다. 예를 들어 t.test() 함수에 대하여 알고 싶은 경우 다음과 같이 한다.

```
> help(t.test)
```

**2) 특정 패키지에 대한 도움 요청**

특정 패키지에 대한 도움을 요청할 경우에는 library() 함수로 설치된 패키지를 불러들인 후에 help() 함수를 이용한다. 예를 들어 car 패키지에 대한 도움을 요청할 경우에는 다음과 같이 한다.

```
> library(car)
> help(car)
```

연구문제 2

대한민국 성인의 평균 행복과 평균 평화는 동일한가?

**[연구문제 해결을 위한 통계분석 설명]**

[연구문제 1]의 경우 한 변수에 대한 전체 평균에 대한 관심이라면, [연구문제 2]는 두 변수의 차에 대한 관심이다. 이는 두 변수의 차의 평균이 '0'이라는 귀무가설에 대한 일표본 t-검정으로 짝을 이룬 t-검정(pared t-test)이라고 부르며, 표본의 크기가 클 경우(일반적으로 30명 이상) 두 변수의 정규성 여부에 관계없이 적용된다.

```
> t.test(Happiness, Peace, paired=TRUE)

        Paired t-test

data:  Happiness and Peace
t = -1.1468, df = 1924, p-value = 0.2516
alternative hypothesis: true difference in means is not equal to 0
95 percent confidence interval:
 -0.04660127  0.01221166
sample estimates:
mean of the differences
            -0.01719481
```

출력결과를 살펴보면, '행복(Happiness)'과 '평화(Peace)'의 평균이 동일한지 여부를 검정한 결과 유의확률이 .25로 유의수준 .05보다 크다. 따라서 유의수준 5%에서 평균 행복과 평균 평화는 동일하고 볼 수 있다. 행복과 평화의 차의 평균에 대한 95% 신뢰수준이 (−0.05, 0.01)로 나타나 두 변수의 평균이 동일함을 나타내는 값인 '0'을 포함하고 있는 것과 동일한 의미를 나타낸다.

■ **주요 개념**

- 일표본 t-검정(one sample t-test)
- 짝을 이룬 t-검정(pared t-test)
- 유의확률(significance probability)

- stats 패키지
  - t.test

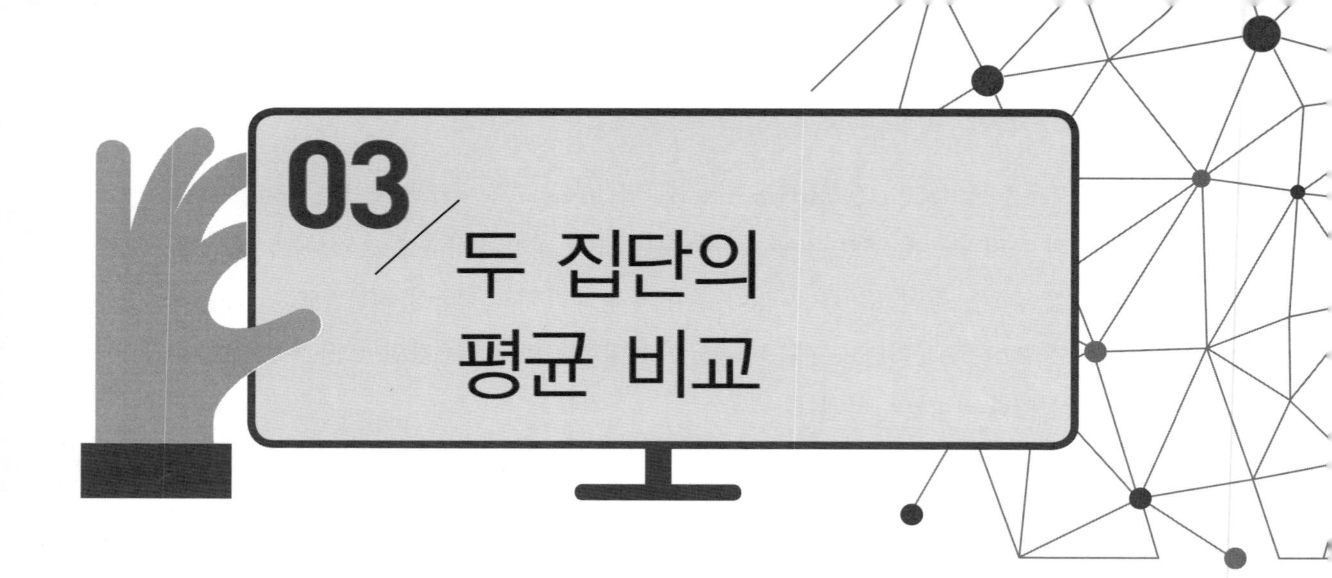


연구문제 3

대한민국 성인 남녀 두 집단의 평균 행복지수는 같은가?

같지 않다면 어느 집단의 평균 행복지수가 높은가?

**[연구문제 해결을 위한 통계분석 설명]**

[연구문제 3]은 모집단을 두 집단으로 구분할 경우 그 두 집단의 한 변수에 대한 평균을 비교하는 것에 관심을 가지고 있는 경우이다. [연구문제 1]과 같이 두 표본집단의 크기가 작을 경우(일반적으로 30명 미만)에는 각 집단의 '행복지수'가 정규분포를 따른다는 것을 가정하여야 한다(정규성을 가정할 수 없는 경우에는 비모수적인 통계분석 방법을 사용한다). 두 표본집단의 크기가 클 경우(일반적으로 각 30명 이상)에는 각 집단의 '행복지수'의 정규성 여부에 관계없이 이표본 t-검정(two-sample t-test)을 사용할 수 있다.

두 집단의 평균을 비교하기 위해서는 두 집단의 분산이 동일한지 여부를 먼저 검정하여야 한다. 이를 '등분산 검정'이라고 부른다. 등분산 검정을 하는 이유는 두 집단의 분산(또는 표준편차)이 동일할 경우와 동일하지 않을 경우에 적용되는 검정통계량(여기서는 t-통계량)의 공식이 다르기 때문이다.

```
> var.test(Happiness ~ G)

        F test to compare two variances

data:  Happiness by G
F = 0.96433, num df = 1135, denom df = 788, p-value = 0.5766
alternative hypothesis: true ratio of variances is not equal to 1
95 percent confidence interval:
 0.8473093 1.0958434
sample estimates:
ratio of variances
         0.9643256
```

남녀 두 집단에 대한 '행복(Happiness)' 척도의 분산이 동일한지 여부는 'F-검정' 결과를 보면 된다. F-검정에 대한 유의확률을 보면 .577로 사회과학에서 일반적으로 설정하는 유의수준인 .05보다 크다. 이는 '남녀 두 집단의 행복에 대한 분산이 동일하다'라는 귀무가설을 받아들일 수가 있다는 것을 의미한다. 따라서 이표본 t-검정을 위한 t.test() 함수에서 var.equal=TRUE 옵션을 사용한다(두 집단의 분산이 동일하지 않을 경우에는 디폴트로 설정된 var.equal=FALSE 옵션을 사용한다).

```
> t.test(Happiness ~ G, var.equal=TRUE)

        Two Sample t-test

data:  Happiness by G
t = 1.3282, df = 1923, p-value = 0.1843
alternative hypothesis: true difference in means is not equal to 0
95 percent confidence interval:
 -0.02193698  0.11400596
sample estimates:
mean in group 0 mean in group 1
       3.565933        3.519899
```

두 집단의 '행복'의 분산이 동일하다고 판단할 수 있기 때문에, 등분산을 가정한 경우의 '평균의 동일성에 대한 t-검정'에 대한 유의확률을 보면 .18로 유의수준 .05보다 크다. 이는 '남녀 두 집단의 행복에 대한 평균이 동일하다'라는 귀무가설을 채택할 수 있다는 것을 의미한다. 따라서 유의수준 5%에서 남녀 두 집단의 평균 행복이 동일하다고 볼 수 있다.

■ **주요 개념**

- 등분산 검정(F- 검정)
- 이표본 t-검정(two-sample t-test)

- stats 패키지
  - var.test
  - t.test

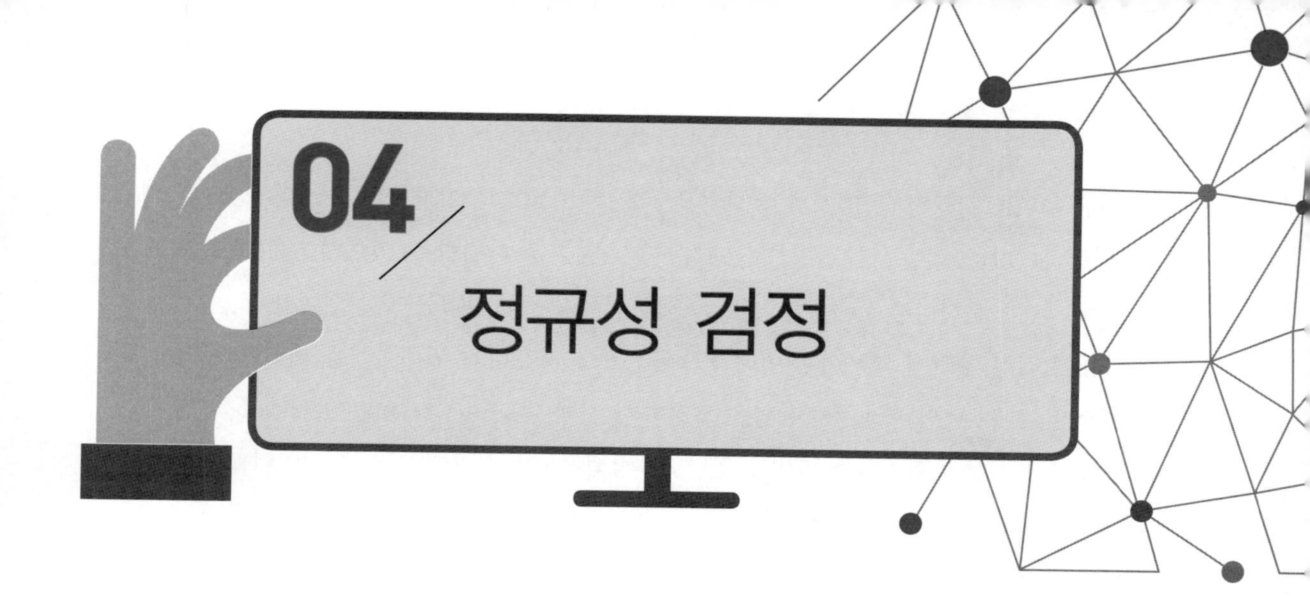


# 04 정규성 검정

**연구문제 4**

행복 척도는 정규분포를 따르는가?

**[연구문제 해결을 위한 통계분석 설명]**

고전적인 통계모형을 이용한 분석에서는 오차의 정규성 또는 종속변수의 정규성을 가정하는 경우가 많다. 따라서 통계분석을 시행하기 전에 해당 척도의 정규성을 검정하거나, 분석 후 오차(error)의 추정치인 잔차(residual)에 대한 정규성을 검정하여 특정 모형을 사용하여 분석한 결과가 그 특정 모형의 적용을 위해서 가정한 오차의 정규성을 위반하지 않는다는 것을 확인하여야 한다.

'행복(Happiness)'은 Q11, Q12, Q13, Q14, Q15 다섯 개의 문항에 대한 평균으로 정의되었다. '행복(Happiness)'이 정규분포를 따르는지를 검정하는 방법을 살펴보자.

```
> shapiro.test(Happiness)

        Shapiro-Wilk normality test

data:  Happiness
W = 0.96442, p-value < 2.2e-16
```

출력결과를 살펴보면, '행복(Happiness)' 척도가 정규분포를 따른다는 귀무가설에 대한

Shapiro-Wilk 정규성 검정 결과 유의확률($p$-값)이 .000으로 일반적인 유의수준 .05보다 작게 나타났다. 이는 '행복' 척도에 대하여 정규분포를 가정할 수 없으며, 정규분포를 가정하고 있는 분석방법을 사용할 경우 그 해석에 주의를 요한다는 것을 의미한다.

정규성 검정 방법에 의하여 데이터가 정규분포를 따른다는 귀무가설을 채택할 근거가 미약할 경우, 대안적인 분석방법을 고려하기 전에 왜도(skewness)와 첨도(kurtosis)를 이용하여 정규성을 검정하는 방법도 있다. 이 방법은 정규분포를 따르는 데이터로부터 구한 왜도와 첨도는 표본의 크기가 클 경우 근사적으로 정규분포를 따른다는 이론적인 결과를 바탕으로 하고 있으며, 그 방법은 표본의 크기에 따른 왜도와 첨도의 신뢰하한과 신뢰상한을 이용한다.[1] 왜도의 분포는 0을 중심으로 대칭적이며, 첨도의 경우 비대칭적인 분포이지만 표본의 크기가 커짐에 따라서 0을 중심으로 대칭적인 분포로 수렴한다. 표본의 크기와 유의수준에 따른 왜도의 신뢰하한과 첨도의 신뢰하한 및 신뢰상한은 <표 2-1>과 같다.

**〈표 2-1〉 표본의 크기에 따른 왜도의 신뢰상한과 첨도의 신뢰하한 및 신뢰상한**

| n | 왜도(skewness) | | 첨도(kurtosis) | | | |
|---|---|---|---|---|---|---|
| | | | 하한 | | 상한 | |
| | 5% | 1% | 5% | 1% | 5% | 1% |
| 50 | .533 | .787 | -.85 | -1.05 | .99 | 1.88 |
| 100 | .389 | .567 | -.65 | -.82 | .77 | 1.39 |
| 150 | .321 | .464 | -.55 | -.71 | .65 | 1.13 |
| 200 | .280 | .403 | -.49 | -.63 | .57 | .98 |
| 250 | .251 | .360 | -.45 | -.58 | .52 | .87 |
| 300 | .230 | .329 | -.41 | -.54 | .47 | .79 |
| 350 | .213 | .305 | -.38 | -.50 | .44 | .72 |
| 400 | .200 | .285 | -.36 | -.48 | .41 | .67 |
| 450 | .188 | .269 | -.34 | -.45 | .39 | .63 |
| 500 | .179 | .255 | -.33 | -.43 | .37 | .60 |

1 Snedecor, G. W. and Cochran, W. G. (1980). *Statistical Methods*, Seventh Edition. The Iowa State University Press. p. 78-81. 참조.

```
> library(psych)
> nrow(data1)
[1] 1925
> skew(Happiness)
[1] -0.3690753
> kurtosi(Happiness)
[1] -0.1985415
```

출력결과에서 표본의 크기가 1,925이기 때문에 <표 2-1>에서 표본의 크기가 500인 경우를 보면 된다. <표 2-1>에서 왜도의 95% 신뢰구간은 (-0.179, 0.179)이고, 첨도의 신뢰구간은 (-0.33, 0.37)로 계산된다. 출력결과를 살펴보면 '행복(Happiness)'에 대한 왜도는 -0.369이고 첨도는 -0.199로 계산되기 때문에 왜도의 경우 정규분포와 다른 형태의 특성을 보이지만, 첨도의 경우 정규분포의 특성을 보이는 것으로 판단된다. 이는 '행복' 데이터가 비대칭성을 나타내고 있다는 의미이다.

왜도와 첨도를 토대로 정규분포를 따르는지를 Mardia 검정[2]을 통하여 확인할 수도 있다.

```
> mardia(Happiness)
Call: mardia(x = Happiness)

Mardia tests of multivariate skew and kurtosis
Use describe(x) the to get univariate tests
n.obs = 1925   num.vars =  1
b1p =  0.14   skew =  43.7  with probability =  3.8e-11
 small sample skew =  43.84  with probability =  3.6e-11
b2p =  2.8   kurtosis =  -1.78  with probability =  0.075
```

출력결과를 살펴보면, 왜도와 첨도를 토대로 행복이 정규분포를 따른다는 귀무가설에 대한 유의확률은 각각 .000과 .075로 나타났다. 이는 행복 데이터의 왜도는 정규분포와

2 Mardia, K. V. (1970). Measures of multivariate skewness and kurtosis with applications. *Biometrika*, 57(3):pp. 519-30.

다른 형태의 특성을 보이지만, 첨도의 경우 정규분포의 특성을 보이는 것으로 판단할 수 있다는 의미로 앞의 결과와 같은 것을 확인할 수 있다. Mardia 검정에서 사용된 통계량은 왜도와 첨도의 값을 토대로 구한 값으로, 실제의 왜도와 첨도와는 다른 값이다.

왜도와 첨도를 이용하는 방법으로도 정규성을 통과하지 못하는 경우에 연구자가 취할 수 있는 방법은 제한적이다. 정규분포를 따르지 않는 변수를 이용하여 정규성을 가정하고 있는 통계모형을 사용할 경우, 정규성을 통과하지는 못하였다는 것을 분명히 밝히고 연구의 한계로 반드시 언급하여야 한다. 대안적으로는 데이터를 함수변환하여 정규분포를 따르도록 변환한 데이터를 이용하거나 비모수적인 방법을 사용할 수 있다.

연속형 종속변수에 대한 집단 비교를 위한 비모수적인 방법으로는 둘 이하의 집단 비교를 위한 윌콕슨 순위합 검정(Wilcoxon Signed-Rank Test) 방법과 셋 이상의 집단 비교를 위한 크루스칼-왈리스 검정(Kruskal-Wallis Test), 프리드만 검정(Friedman's Test) 방법 등이 있다.

연속형 종속변수가 정규분포를 따르지 않을 경우 종속변수를 함수변환하여 정규분포를 따르도록 만드는 방법이 있다. 대표적인 방법은 박스-칵스 변환(Box-Cox Transformation) 방법이다.

■ **주요 개념**

- 오차(error)
- 잔차(residual)
- 정규성 검정(normality test)
- 왜도(skewness)
- 첨도(kurtosis)

- base 패키지
  - nrow
- stats 패키지
  - shapiro.test
- psych 패키지
  - skew
  - kurtosi
  - mardia

연구문제 5-1

정규분포를 따르지 않는 행복 척도는 3.5를 중심으로 대칭인가?

**[연구문제 해결을 위한 통계분석 설명]**

연구집단의 한 변수에 대한 평균에 대한 통계적 추론(가설검정과 신뢰구간)을 위하여 '일표본 t-검정'을 사용할 수 있지만, 이를 위해서는 표본의 크기가 일반적으로 30 이상이 되어야 하는 제약이 있고, 표본의 크기가 작을 경우에는 그 변수의 정규성이 가정되어야 한다. 변수의 정규성을 가정할 수 없는 경우에는 비모수적인 방법을 적용하여야 한다. 고전적인 통계모형에서 '일표본 t-검정', '짝을 이룬 t-검정', '이표본 t-검정'에 해당되는 비모수적인 분석방법은 'Wilcoxon 검정'이다.

연구집단의 한 변수에 대한 귀무가설은 변수의 분포가 위치모수(location parameter)를 중심으로 대칭이라는 것이다. [연구문제 1]에서 '행복(Happiness)'의 평균이 3.51로 계산된 것을 감안하여 [연구문제 5-1]에서는 행복의 분포가 3.5(이 값은 연구자 임의로 설정할 수 있다)를 중심으로 대칭인지를 살펴볼 수 있다.

```
> wilcox.test(Happiness, mu=3.5)

        Wilcoxon signed rank test with continuity correction

data:  Happiness
V = 1029200, p-value = 2.782e-06
alternative hypothesis: true location is not equal to 3.5
```

출력결과를 살펴보면, 유의확률($p$-값)이 .001보다 작게 나타났다. 따라서 '행복' 척도가 3.5를 중심으로 대칭이라는 귀무가설은 기각된다. '행복' 척도의 분포 형태를 간략하게 살펴보기 위해서는 hist() 함수와 boxplot() 함수를 사용할 수 있다.

```
> par(mfrow=c(1,2))
> hist(Happiness)
> boxplot(Happiness)
```

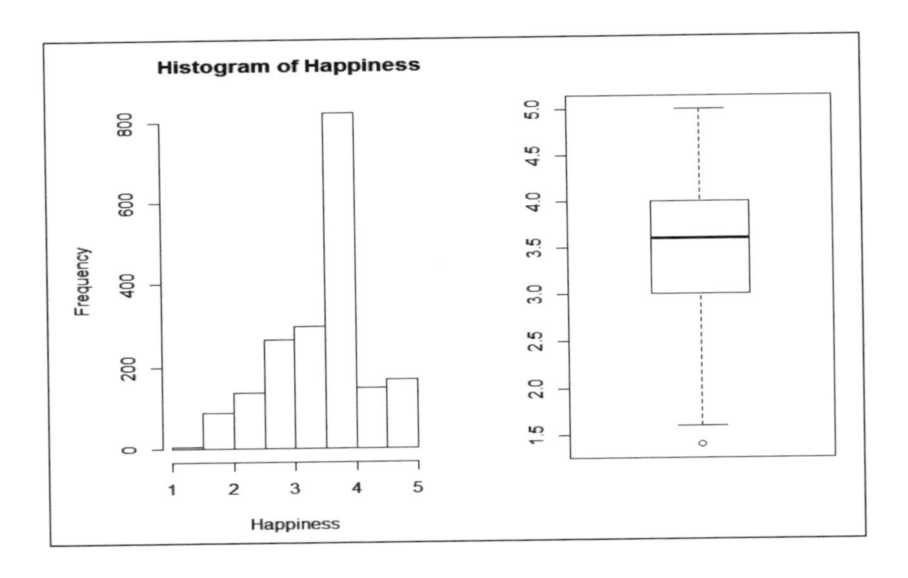


'행복' 척도의 분포 형태를 살펴보면 오른쪽으로 치우쳐 왼쪽 꼬리가 길게 늘어져 있는 것을 알 수 있다. 이는 [연구문제 4]에서 구한 왜도(skewness)의 값이 −0.369로 음수인 것에서도 알 수 있다(왜도의 값이 음수인 경우에는 오른쪽으로 치우친 분포의 형태를 나타내며, 양수이면 왼쪽으로 치우친 분포의 형태를 나타낸다).

연구문제 5-2

대한민국 성인의 행복 분포와 평화 분포의 위치모수는 동일한가?

### [연구문제 해결을 위한 통계분석 설명]

[연구문제 5-2]와 같이 두 변수의 평균이 동일한지 여부는 고전적인 통계모형인 '짝을 이룬 t-검정'을 통하여 검정할 수 있지만, 이를 위해서는 표본의 크기가 일반적으로 30 이상이 되어야 하는 제약이 있고, 표본의 크기가 작을 경우에는 그 변수의 정규성이 가정되어야 한다. 변수의 정규성을 가정할 수 없는 경우에는 비모수적인 방법을 적용하여야 한다. 고전적인 통계모형에서 '일표본 t-검정', '짝을 이룬 t-검정', '이표본 t-검정'에 해당되는 비모수적인 분석방법은 Wilcoxon 검정이다.

연구집단의 두 변수의 분포는 위치모수가 동일하다는 귀무가설을 검정하기 위한 방법은 다음과 같다.

```
> wilcox.test(Happiness-Peace)

        Wilcoxon signed rank test with continuity correction

data:  Happiness - Peace
V = 596150, p-value = 0.3322
alternative hypothesis: true location is not equal to 0
```

출력결과를 살펴보면, 유의확률이 .332로 일반적인 유의수준 .05보다 크다. 따라서 귀무가설이 채택되며, 이는 '행복(Happiness)'의 분포와 '평화(Peace)'의 분포의 위치모수가 동일하다는 것을 의미한다. '행복' 척도와 '평화' 척도의 차에 대한 분포의 형태를 간략하게 살펴보기 위해서는 hist() 함수와 boxplot() 함수를 사용할 수 있다.

```
> par(mfrow=c(1,2))
> hist(Happiness-Peace)
> boxplot(Happiness-Peace)
```

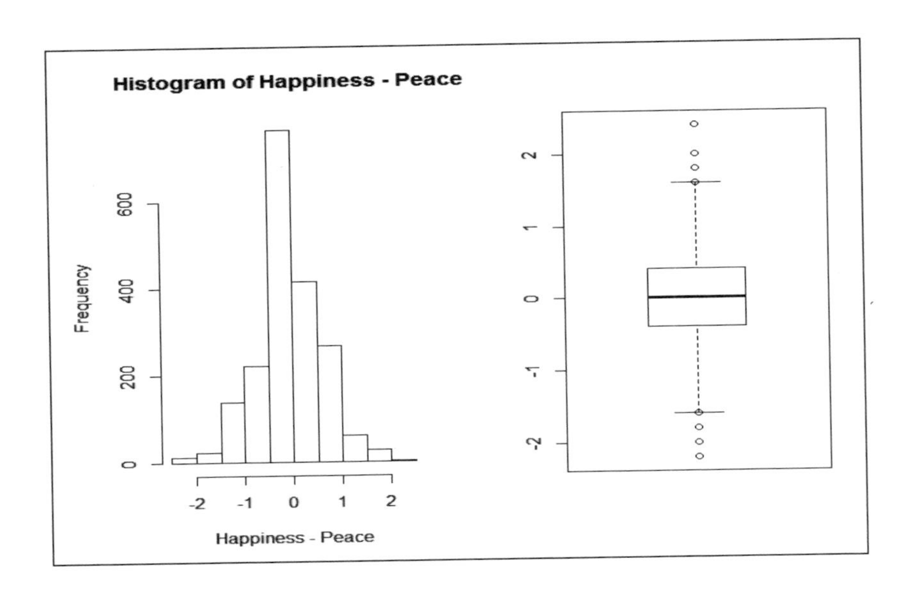


'행복' 척도와 '평화' 척도의 차의 분포의 형태를 살펴보면 시각적으로 0을 중심으로 대칭인 것처럼 보인다. 이는 두 분포의 위치모수가 동일하다는 의미이지, 두 변수의 차의 분포가 정규분포를 따른다는 의미는 아니다. 이는 두 변수의 차에 대한 정규성 검정을 통하여 확인할 수 있다.

```
> shapiro.test(Happiness-Peace)

        Shapiro-Wilk normality test

data:  Happiness - Peace
W = 0.98359, p-value = 4.598e-14
```

출력결과를 살펴보면, 유의확률이 매우 작게 나타나서 두 변수의 차의 분포가 정규분포를 따른다는 귀무가설이 기각되는 것을 확인할 수 있다.

**연구문제 5-3**

대한민국 성인 남녀 두 집단의 행복 분포의 위치모수는 동일한가?
동일하지 않다면 어느 집단의 행복 분포의 위치모수가 더 큰가?

### [연구문제 해결을 위한 통계분석 설명]

[연구문제 5-3]과 같이 한 변수에 대한 두 집단의 평균이 동일한지 여부는 고전적인 통계모형인 '이표본 t-검정'을 통하여 검정할 수 있지만, 이를 위해서는 표본의 크기가 일반적으로 30 이상이 되어야 하는 제약이 있고, 표본의 크기가 작을 경우에는 그 변수의 정규성이 가정되어야 한다. 변수의 정규성을 가정할 수 없는 경우에는 비모수적인 방법을 적용하여야 한다. 고전적인 통계모형의 '이표본 t-검정'에 해당되는 비모수적인 분석방법은 Wilcoxon 검정이다.

두 집단별 분포의 위치모수가 동일하다는 귀무가설을 검정하기 위한 방법은 다음과 같다.

```
> wilcox.test(Happiness ~ G)

        Wilcoxon rank sum test with continuity correction

data:  Happiness by G
W = 463050, p-value = 0.211
alternative hypothesis: true location shift is not equal to 0
```

출력결과를 살펴보면, 유의확률이 .211로 일반적인 유의수준 .05보다 크다. 따라서 귀무가설이 채택되며, 이는 남녀 두 집단의 '행복(Happiness)' 분포의 위치모수(무게중심)의 값이 동일하다는 것을 의미한다. 고전적인 통계분석에서의 위치모수는 평균(mean)을 사용하는 것과는 달리 비모수 검정에서의 위치모수는 일반적으로 중위수(median)을 사용한다.

남녀 두 집단의 '행복' 척도에 대한 분포의 형태를 간략하게 살펴보기 위해서는 boxplot() 함수를 사용할 수 있다.

```
> par(mfrow=c(1,1))
> boxplot(Happiness~G)
```

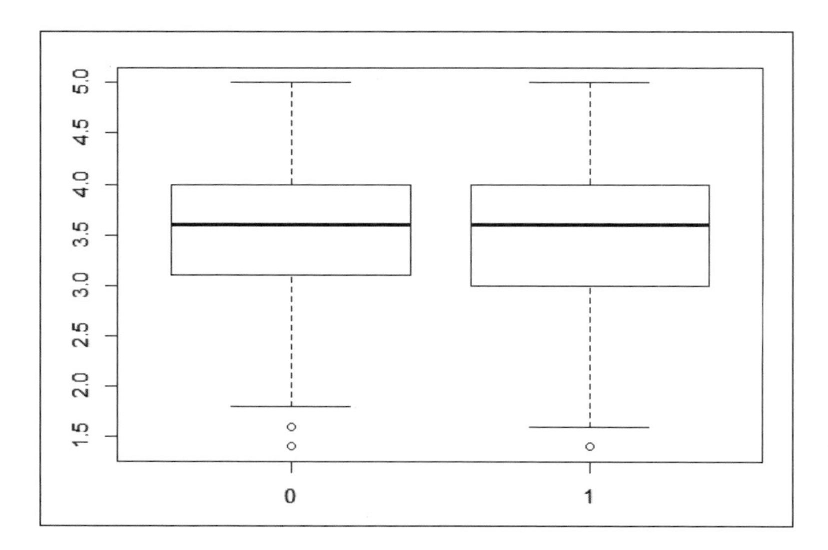


남녀 두 집단의 '행복' 척도의 분포 형태를 살펴보면 위치모수[여기서는 중위수(median)]의 값이 동일한 것을 시각적으로도 확인할 수 있다.

■ **주요 개념**

- 비모수 검정(nonparametric test)
- Wilcoxon 검정
- 위치모수(location parameter)
- 중위수(median)
- 왜도(skewness)

- graphics 패키지
  - `hist`
  - `boxplot`
- stats 패키지
  - `wilcox.test`
  - `shapiro.test`

# 3장 기초 분석 II

01 데이터 정제하기
02 변수변환
03 상관분석
04 선형 회귀분석
05 분산분석
06 공분산분석과 위계적 회귀분석
07 최적모형 탐색을 위한 방법
08 동질성 검정과 독립성 검정
09 척도분석
10 경로분석

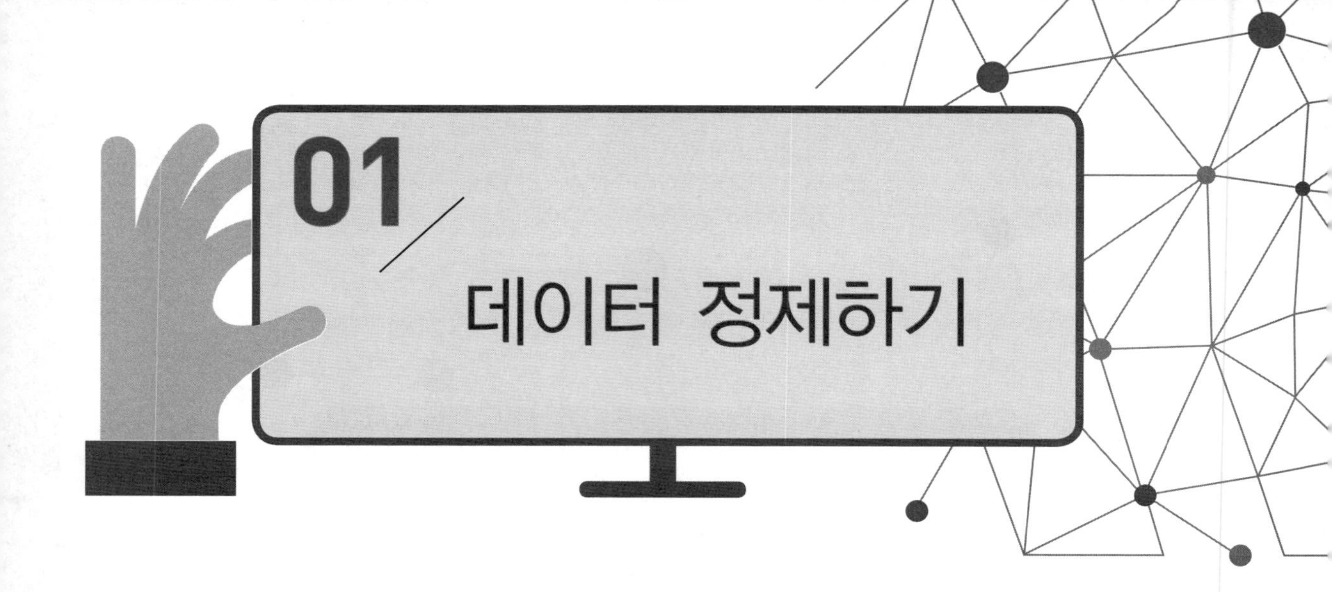

# 01 데이터 정제하기

연구자가 시간과 돈을 투자하여 어렵게 구한 데이터 정보를 정확하게 분석하기 위해서는 데이터가 제대로 입력되었는지, 제대로 입력되었다면 불성실하거나 특이한 행태의 응답자가 없는지, 고전적인 통계모형에서 요구되는 변수의 정규성이 만족되는지 등을 살펴보아야 한다.

```
> attach(data1)
> nrow(data1)
[1] 1925
> library(car)
> some(data1)
     G EDUC  BF  BM Happiness Peace
144  1    3 2.2 3.2       2.8   3.0
154  0    2 2.6 2.4       4.0   3.0
361  1    2 3.2 3.4       3.6   3.4
780  0    3 3.6 2.8       4.0   4.0
900  1    2 1.8 1.6       2.4   2.0
949  1    2 3.0 1.6       2.8   3.2
960  0    3 2.8 3.4       3.8   4.0
1764 0    3 4.0 3.2       4.4   4.4
1790 0    3 2.0 3.0       3.2   3.0
1808 1    3 2.4 2.0       2.8   3.6
```

위의 R 명령을 살펴보면, attach(data1) 명령문은 data1 데이터 프레임을 사용하도록 설정하는 명령이고, nrow(data1) 명령문은 data1 데이터 프레임의 관측 데이터의 수를 출력하도록 하는 명령이며, library(car) 명령문은 **car** 패키지를 사용하겠다는 것을 선언하는 명령문이다. some(data1) 명령문은 data1 데이터 프레임의 데이터 중 10개를 무작위로 선택하여 출력하라는 명령이다.

R-언어의 **car** 패키지의 Boxplot() 함수를 통하여 분포의 형태를 알 수 있으며, qqPlot() 함수를 통하여 변수의 분포를 정규분포와 비교하여 정규성을 만족시키지 못하는 관측치가 무엇인지를 시각적으로 탐지할 수 있다.

```
> par(mfrow=c(1,2))
> Boxplot(Peace, data=data1, id.n=5)
[1] 396 828 556 573 727
> qqPlot(Peace, labels=row.names(data1), id.n=5)
396 828 556 573 727
  1   2   3   4   5
```

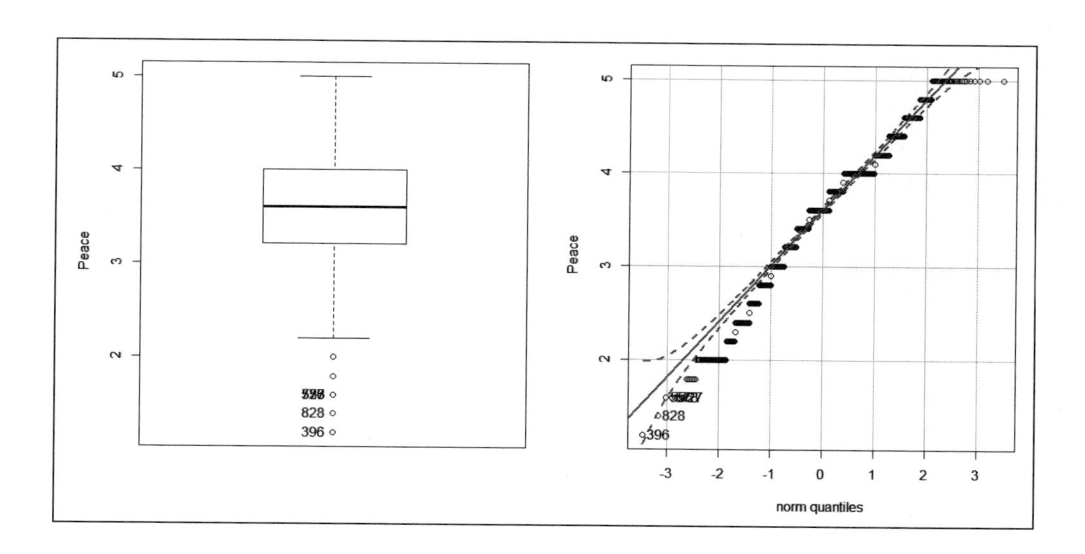


출력결과를 살펴보면, Boxplot() 함수에 의한 상자그림(boxplot)와 qqPlot() 함수에 의한 출력결과 모두 data1 데이터 프레임의 396, 828, 556, 573, 727번째 관측치가 분포의 왼쪽꼬리를 길게 만들고, 정규성을 방해하는 관측치인 것을 알 수 있다. 여기서 연구자

가 취할 수 있는 일반적인 방법은 두 가지이다. 첫 번째 방법은 특이한 행태를 보이는 관측치를 특이치(outlier)로 간주하여 분석 대상에서 제외하는 것이고, 두 번째 방법은 변수 변환 방법을 통하여 평균을 중심으로 대칭적인 분포인 정규분포를 따르도록 변수를 새롭게 정의하여 분석하는 방법이다. 어느 방법을 택하는지는 전적으로 연구자의 선택이며, 특정 방법을 택할 경우 그에 대한 명백한 설명을 논문에 반드시 보고하여야 한다.

데이터 프레임 data1을 통하여 연구자는 평화와 행복의 선형관계를 살펴보는 것이 목적이라고 하면, 두 변수에 대한 산포도(scatter plot)를 통하여 데이터에 특이한 값이 있는지를 탐지할 수 있다.

```
> scatterplot(Peace~Happiness, id.n=5)
 396   645   828 1862 1887
 396   645   828 1862 1887
```

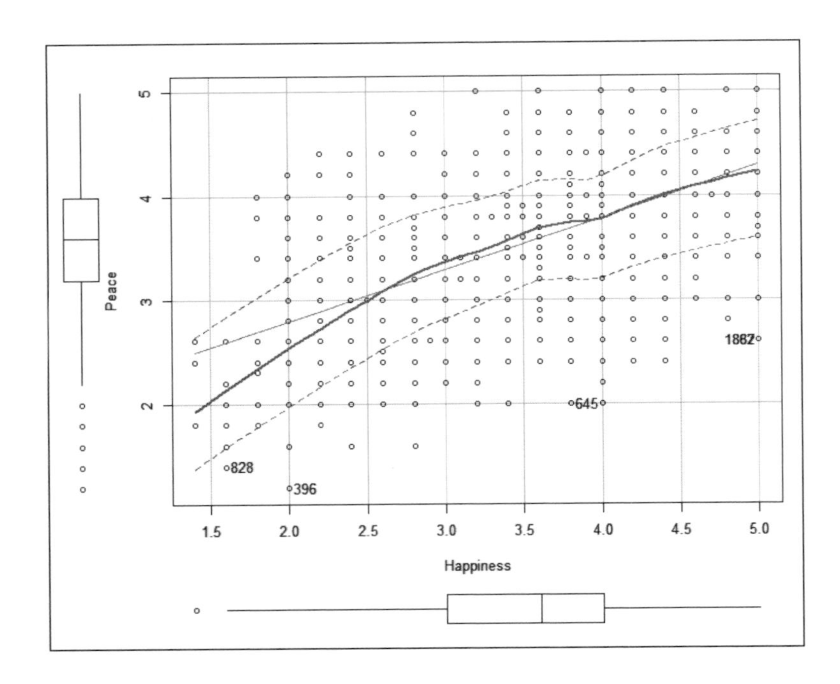


출력결과를 살펴보면, 396, 645, 828, 1862, 1887번째 관측치가 특이한 관측치인 것을 시각적으로 알 수 있다.

Boxplot() 함수, qqPlot() 함수, scatterplot() 함수에서 공통적으로 특이치인 것으로 볼 수 있는 396, 828번째 관측치를 제거하여 새로운 데이터 프레임 data1a를 만들어서 추후 분석에 사용할 수 있다.

```
> data1a = data1[-c(396, 828),]
> nrow(data1a)
[1] 1923
```

출력결과를 살펴보면, 원래의 관측치 1,925에서 396번째와 828번째 관측치를 제거한 새로운 데이터 프레임 data1a의 관측치의 수는 1,923임을 확인할 수 있다.

연구자의 입장에서 특이치(outlier)로 판단되는 데이터를 제거하여 분석하는 것이 분석의 결과를 좋게 할 수는 있지만 현실적인 의미에서는 그 데이터가 비정상적인 값이 아니고 나름의 중요한 의미를 가지고 있는 데이터일 경우에는 연구자 임의로 제거하는 것은 현실을 왜곡시키는 일일 수도 있다. 따라서 특이치로 판단되는 데이터에 대한 처리 문제는 신중을 기하여 결정할 일이다.

■ **주요 개념**

- 특이치(outlier)
- 상자그림(boxplot)
- 산포도(scatter plot)

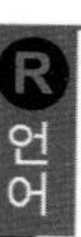


- base 패키지
  - `attach`
  - `nrow`
- graphics 패키지
  - `par`
- car 패키지
  - `somet`
  - `Boxplot`
  - `qqPlot`
  - `scatterplot`

# 02 변수변환

연구문제 6

건강한 몸의 느낌, 건강한 자기관리, 행복, 평화 변수는 다변량 정규분포를 따르는가?

**[연구문제 해결을 위한 통계분석 설명]**

고전적인 통계학에서는 연구자가 분석하고자 하는 변수들의 결합분포가 다변량 정규분포를 따르고 있다는 것을 전제로 통계모형에 대한 분석을 시도하는 경우가 많다. 물론 어떠한 통계모형에 대한 분석을 시도하느냐에 따라서 전제하고 있는 가정이 다르다. 예를 들어 '일표본 t-검정'과 '이표본 t-검정'을 적용할 경우 소표본(small sample)에서는 종속변수의 정규성을 필요로 하고 있으며, 회귀분석과 분산분석 모형에서는 오차의 정규성을 전제로 하고 있고, 경로분석에서는 모든 변수들의 다변량 정규성을 가정하고 있다. 하지만 회귀분석의 경우 독립변수의 값이 일정한 값으로 주어졌을 경우에 종속변수의 분포가 조건부 정규분포를 따른다는 것을 가정하고 있기 때문에, 본질적으로는 독립변수들과 종속변수의 결합분포가 다변량 정규분포를 따른다는 것을 전제하고 있는 것이다. 따라서 연구자가 관심을 가지고 있는 변수들의 다변량 정규성은 명시적으로 언급되지 않더라도 묵시적으로 전제되고 있는 가정이다.

독립변수들을 이용하여 종속변수에 대한 통계모형을 고민할 경우 이들 변수들에 대한 어떠한 변환 없이 선형모형을 적용하는 것이 가장 용이할 것이다. 이 경우 오차(error)

에 대한 정규성 검정은 반드시 수반되어야 한다. 하지만 오차에 대한 정규성이 입증되지 못할 경우 연구자가 취할 수 있는 방법은 비모수 분석으로 이끌어 낼 수 있는 최대한의 내용을 보고하는 방법이 있지만, 이는 집단의 비교 정도까지만을 수행할 수 있는 한계가 있다. 비모수 분석에 대한 대안적인 방법은 독립변수들, 또는 종속변수, 또는 독립변수들과 종속변수에 대한 변수변환을 통하여 변수변환된 변수들의 결합분포가 다변량 정규분포를 따르도록 만든 후에 이들 변환된 변수들로 통계모형을 분석하는 것이다. Box-Cox 변환(transformation) 은 이러한 변수변환에 대한 분석을 가능하게 하는 방법으로, 우리가 분석하고자 하는 변수 Y 대신 변수변환된 $Y^{\lambda}$를 이용하여 분석하는 것이다. 여기서 일반적으로 권장되는 λ의 값은 −2, −1, 0, 1, 2 등이다. 각 λ값에 대응되는 변수변환된 변수의 형태는 <표 3-1>과 같다.

**〈표 3-1〉 λ값에 따른 변수된 변수 형태**

| $\lambda$ | $Y^{\lambda}$ |
|---|---|
| -2 | $1/Y^2$ |
| -1 | $1/Y$ |
| 0 | $\log Y$ |
| 1 | $Y$ |
| 2 | $Y^2$ |

```
> library(car)
> attach(data1)
> bs.out1 = powerTransform(data1[,c("BF", "BM", "Happiness", "Peace")])
> summary(bs.out1)
bcPower Transformations to Multinormality

          Est.Power Std.Err. Wald Lower Bound Wald Upper Bound
BF           1.1492   0.0764           0.9995           1.2990
BM           0.9707   0.0648           0.8438           1.0976
Happiness    1.3834   0.0808           1.2250           1.5418
Peace        1.5668   0.0932           1.3842           1.7494

Likelihood ratio tests about transformation parameters
                                          LRT df         pval
LR test, lambda = (0 0 0 0)        999.408305  4 0.000000e+00
LR test, lambda = (1 1 1 1)         60.577974  4 2.193024e-12
LR test, lambda = (1 1 1.38 1.57)    4.270876  4 3.705862e-01
```

출력결과를 살펴보면, '건강한 몸의 느낌(BF)', '건강한 자기관리(BM)', '행복(Happiness)', '평화(Peace)'에 대한 어떠한 변수변환도 적용하지 않을 경우[lambda = (1 1 1 1)인 경우]에 네 변수들의 결합분포가 다변량 정규분포를 따른다는 귀무가설에 대한 유의확률은 0.000으로 유의수준 .05보다 매우 작다. 따라서 이들 네 변수들의 결합분포가 다변량 정규분포를 따른다는 귀무가설은 기각된다. 그렇다면 이들 네 변수들을 어떻게 변환시키는 것이 다변량 정규분포를 따르는 변환된 변수들을 얻게 되는지가 연구자의 주된 관심사일 것이다.

'건강한 몸의 느낌(BF)'의 경우 최적으로 추정된 λ값은 1.15이며, 신뢰구간은 (0.9995, 1.299)로 나타났다. 이 구간에서 가장 단순한 의미를 갖는 값은 1이다. 따라서 '건강한 몸의 느낌(BF)'에 대하여는 변수변환을 하지 않는 것이 용이할 것이다.

'건강한 자기관리(BM)'의 경우 최적으로 추정된 λ값은 0.97이며, 신뢰구간은 (0.844, 1.098)로 나타났다. 이 구간에서 가장 단순한 의미를 갖는 값은 1이다. 따라서 '건강한 자기관리(BM)'에 대하여는 변수변환을 하지 않는 것이 용이할 것이다.

‘행복(Happiness)’의 경우 최적으로 추정된 λ값은 1.38이며, 신뢰구간은 (1.225, 1.542)로 나타났다. 이 구간에서 가장 단순한 의미를 갖는 값은 1.5이다. 따라서 ‘행복(Happiness)’에 대하여는 Y 대신 $Y^{1.5}$ 변수를 사용하는 것이 용이할 것이다.

‘평화(Peace)’의 경우 최적으로 추정된 λ값은 1.57이며, 신뢰구간은 (1.384, 1.749)로 나타났다. 이 구간에서 가장 단순한 의미를 갖는 값은 1.5이다. 따라서 ‘평화(Peace)’에 대하여는 Y 대신 $Y^{1.5}$ 변수를 사용하는 것이 용이할 것이다.

건강한 몸의 느낌, 건강한 자기관리, 행복, 평화에 대한 λ값으로 (1, 1, 1.5, 1.5)를 설정하여 변환된 변수들의 다변량 정규성을 살펴볼 수 있다.

```
> testTransform(bs.out1, lambda=c(1,1,1.5,1.5))
                                            LRT df      pval
LR test, lambda = (1 1 1.5 1.5) 7.214317  4 0.1249868
```

출력결과를 살펴보면, 변수변환된 변수들의 결합분포가 다변량 정규분포를 따른다는 귀무가설에 대한 유의확률은 .12로 유의수준 .05보다 크게 나타났기 때문에 귀무가설을 채택할 수 있다. 따라서 ‘건강한 몸의 느낌(BF)’과 ‘건강한 자기관리(BM)’ 변수는 그대로 사용하고, ‘행복(Happiness)’ 변수 대신 $Happiness^{1.5}$, ‘평화(Peace)’ 대신 $Peace^{1.5}$ 변수를 사용할 수 있다.

■ **주요 개념**

- 특이치(outlier)
- 상자그림(boxplot)
- 산포도(scatter plot)

- base 패키지
  - `attach`
  - `summary`
- car 패키지
  - `powerTransform`
  - `testTransform`

## 1 두 변수 간의 상관분석

**연구문제 7-1**

건강한 자기관리와 행복은 어떠한 상관관계가 있는가?

**[연구문제 해결을 위한 통계분석 설명]**

연구자는 두 변수가 같은 방향으로 움직이는지(양의 관계) 아니면 다른 방향으로 움직이는지(음의 관계)에 관심을 가지고 있는 경우가 있다. 이러한 경우에는 상관분석을 토대로 두 변수 간의 선형적인 관계성을 파악한다. 두 변수 간의 선형적인 상관관계를 나타내는 통계량이 상관계수(correlation coefficient)이며, 이 값의 범위는 −1과 +1 사이의 값을 갖는다. 상관계수가 양수인 경우에는 두 변수는 양의 관계에 있어서 같은 방향으로 움직인다는 것을 의미하고, 상관계수가 음수인 경우에는 두 변수는 음의 관계에 있어서 한 변수의 값이 증가할 경우 다른 변수의 값은 감소하다는 것을 의미한다.

```
> Data1 = read.delim("c:\\Data\\Data1.txt")
> tset1 = subset(Dset1, select=c("BF", "BM", "Happiness", "Peace"))
> attach(tset1)
> cor.test(BM, Happiness)

        Pearson's product-moment correlation

data:  BM and Happiness
t = 26.499, df = 1923, p-value < 2.2e-16
alternative hypothesis: true correlation is not equal to 0
95 percent confidence interval:
 0.4836889 0.5491767
sample estimates:
      cor
0.5171894
```

'건강한 자기관리(BM)'와 '행복(Happiness)'의 (표본)상관계수의 값은 .52이고 두 변수 간의 모상관계수(모집단 전체에서 구할 수 있는 상관계수로 일반적으로 연구자가 알고자 하는 값)가 0이라는 귀무가설이 참이라는 가정에서 표본상관계수에 대한 유의확률은 .01보다 작은 값으로 나타났다. 따라서 유의수준 .05에서 두 변수는 선형적인 상관관계가 없다는 귀무가설은 기각되며, 표본상관계수의 값을 토대로 볼 때 이는 '건강한 자기관리'와 '행복'은 양의 상관관계가 있다는 것을 의미한다.

## 2 통제변수가 있는 경우의 상관분석

**연구문제 7-2**

건강한 몸의 느낌의 영향을 제거한 후 건강한 자기관리와 행복의 상관관계는 어떠한가?

[연구문제 7-1]은 두 변수 간의 선형적인 상관관계에 관심이 있다. 반면에 [연구문제 7-2]는 두 변수 간의 선형적인 상관관계에 관심이 있지만 두 변수와 밀접한 관계에 있을

수도 있는 제3변수가 두 변수에 미치는 영향을 제거한 후에 두 변수 간의 관계를 살펴보고자 하는 것이다. 이와 같은 경우의 상관분석을 편상관분석(partial correlation analysis)이라고 부른다.

```
> library(psych)
> pr = partial.r(tset1, c(2,3), c(1))
> pr
partial correlations
             BM Happiness
BM         1.00      0.27
Happiness 0.27       1.00
> nrow(tset1)
[1] 1925
```

R-언어 설명

**> library(psych)**

위의 연구문제 해결을 위해서 사용하고 있는 명령문은 **psych** 패키지에 있는 것이기 때문에 **psych** 패키지를 사용하겠다는 것을 선언한다.

**> pr = partial.r(tset1, c(2,3), c(1))**

편상관계수는 partial.r() 함수로 가능하며, 이 함수를 사용하기 위해서는 모든 변수가 숫자의 형태로 되어 있어야 하기 때문에 숫자 변수만을 포함하고 있는 tset1 데이터 프레임을 정의하였고, 그 데이터 프레임에 저장되어 있는 변수의 순서가 'BF', 'BM', 'Happiness', 'Peace'이기 때문에 '건강한 자기관리(BM)'와 '행복(Happiness)'의 순서인 2와 3을 토대로 BM과 Happiness 변수를 나타내는 'c(2,3)'을 지정하고, 통제변수인 '건강한 몸의 느낌(BF)' 변수인 'BF'를 나타내는 'c(1)'을 지정한다.

**> nrow(tset1)**

편상관분석을 위한 corr.p() 함수를 사용하기 위해서는 표본의 크기를 입력해 주어야 한다. 이를 위해서 nrow(tset1) 함수를 사용한다.

```
> cp = corr.p(pr, n=1925)
> print(cp, short=FALSE)
Call:corr.p(r = pr, n = 1925)
Correlation matrix
partial correlations
             BM Happiness
BM         1.00      0.27
Happiness 0.27      1.00
Sample Size
[1] 1925
Probability values (Entries above the diagonal are adjusted for
multiple tests.)
partial correlations
            BM Happiness
BM          0         0
Happiness  0         0

 To see confidence intervals of the correlations, print with the
short=FALSE option

 Confidence intervals based upon normal theory.  To get
bootstrapped values, try cor.ci
          lower    r upper p
BM-Hppns   0.23 0.27  0.31 0
```

'건강한 몸의 느낌(BF)'이 '건강한 자기관리(BM)'와 '행복(Happiness)'에 미치는 영향을 제거한 후 '건강한 자기관리(BM)'와 '행복(Happiness)'의 편상관계수(partial correlation coefficient)를 구한 결과 그 값은 .27이며, 모집단의 편상관계수가 0이라는 귀무가설에 대한 유의확률의 값은 .001보다 작게 나타났다. 아울러 편상관계수의 95% 신뢰구간을 구한 결과 (.23, .31)로 나타났다. 이는 '건강한 몸의 느낌'의 영향을 제거하여도('건강한 몸의 느낌'을 상수로 고정한 후에도) '건강한 자기관리'와 '행복'은 양의 상관관계가 있다는 것을 의미한다.

## 3 두 집단의 상관계수 비교

**연구문제 7-3**

건강한 자기관리와 행복의 상관관계가 남녀별로 동일한가?

**[연구문제 해결을 위한 통계분석 설명]**

건강한 자기관리와 행복의 상관관계가 남녀별로 동일한지를 검정하는 것은 독립된 두 표본으로 구한 두 상관계수가 동일한지 여부를 검정하는 것이다.

```
> m.set1 = subset(Dset1, Gender==1, select=c("BM", "Happiness"))
> f.set1 = subset(Dset1, Gender==0, select=c("BM", "Happiness"))
> cor(m.set1)
                 BM Happiness
BM        1.0000000 0.5771675
Happiness 0.5771675 1.0000000
> cor(f.set1)
                 BM Happiness
BM        1.0000000 0.4770279
Happiness 0.4770279 1.0000000
```

출력결과를 살펴보면, 남자의 경우 건강한 자기관리와 행복의 상관관계가 .5772이고, 여자의 경우 건강한 자기관리와 행복의 상관관계가 .4770으로 계산된다.

```
> r.test(r12=.5772, r34=.4770, n=1925)
Correlation tests
Call:r.test(n = 1925, r12 = 0.5772, r34 = 0.477)
Test of difference between two independent correlations
 z value 4.31    with probability  0>
```

건강한 자기관리와 행복의 상관관계가 남녀별로 동일하다는 귀무가설에 대한 유의확률을 살펴보면 <.01보다 작게 나타났다. 따라서 건강한 자기관리와 행복의 상관관계가 남녀별로 동일하다고 볼 수 없으며, 남자의 경우에 건강한 자기관리와 행복의 상관관계가 더 큰 것으로 나타났다.

■ **주요 개념**

- 상관계수(correlation coefficient)
- 편상관분석(partial correlation analysis)

- base 패키지
  - `attach`
  - `nrow`
  - `print`
  - `subset`
- stats 패키지
  - `cor.test`
  - `cor`
- psych 패키지
  - `partial.r`
  - `corr.p`
  - `r.test`

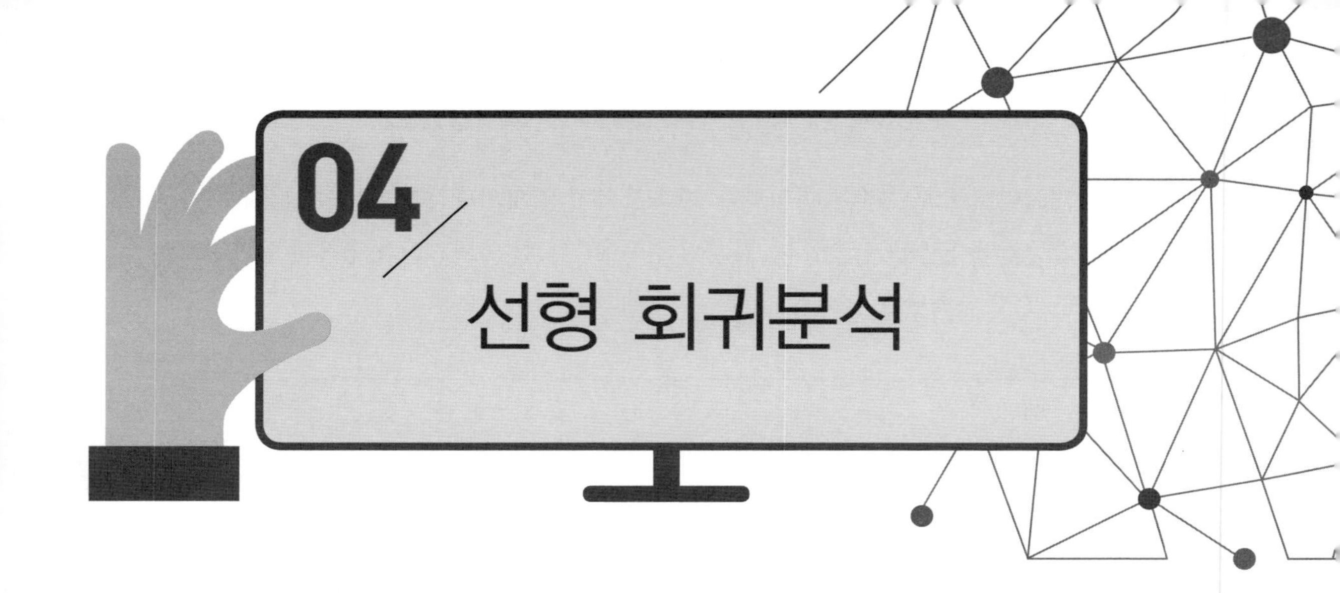


## 1 단순선형 회귀분석

**연구문제 8-1**

건강한 자기관리를 잘할수록 행복이 어떻게 달라지는가?

**[연구문제 해결을 위한 통계분석 설명]**

[연구문제 8-1]은 두 변수 간의 구체적인 선형함수 관계에 관심이 있다. 구체적인 선형함수 관계란 독립변수(X)와 종속변수(Y)의 선형함수 관계를 기울기와 절편으로 표현한 관계를 말한다. 이러한 선형관계를 분석하는 기법이 단순선형 회귀분석(simple linear regression analysis)이다. 단순선형 회귀분석에서는 독립변수의 값이 1단위 증가함에 따라서 종속변수가 어느 정도 증가되는지를 파악하는 것이 주된 관심 사항이기 때문에 일반적으로 기울기에 관심을 더 갖게 된다.

단순선형 회귀모형에서는 종속변수를 독립변수에 대한 선형함수와 오차(error)의 합으로 표현하며, 오차에 대한 분포는 각 측정치가 서로 독립인 정규분포를 가정한다. 아울러 독립변수의 값은 주어진 값이라고 가정하고 종속변수(Y)는 독립변수(X)의 선형함수와 오차의 합으로 구성되기 때문에, 종속변수의 분포는 정규분포를 따른다는 것을 가정한다. 따라서 단순선형 회귀분석을 적용하기 위해서는 오차에 대한 독립성, 등분산성

(독립변수의 값에 관계없이 오차의 분산이 동일하다는 것), 그리고 정규성을 검정하여야 한다.

오차(error)에 대한 독립성은 오차의 추정치인 잔차(residual)에 대한 Durbin-Watson 검정을 통해서 가능하며, 오차의 등분산성에 대한 검정은 독립변수와 잔차(residual)에 대한 산점도(scatter plot)를 통하여 시각적으로 확인할 수 있다. 오차의 정규성은 표준화된 잔차(또는 삭제된 표준화잔차)에 대한 정규성 검정을 통하여 가능하다.

```
> attach(data1)
> bs.out2 = lm(Happiness~BM)
> summary(bs.out2)

Call:
lm(formula = Happiness ~ BM)

Residuals:
    Min      1Q  Median      3Q     Max
-2.1591 -0.4577  0.0418  0.4409  1.9386

Coefficients:
            Estimate Std. Error t value Pr(>|t|)
(Intercept)  2.06599    0.05777   35.77   <2e-16 ***
BM           0.49771    0.01878   26.50   <2e-16 ***
---
Signif. codes:  0 '***' 0.001 '**' 0.01 '*' 0.05 '.' 0.1 ' ' 1

Residual standard error: 0.6404 on 1923 degrees of freedom
Multiple R-squared:  0.2675,    Adjusted R-squared:  0.2671
F-statistic: 702.2 on 1 and 1923 DF,  p-value: < 2.2e-16
```

'건강한 자기관리'를 독립변수로 하고 '행복'을 종속변수로 하는 단순선형 회귀분석 결과 기울기는 0.498이고 이에 대한 유의확률은 .000으로 나타났다. 이는 '건강한 자기관리'가 1점 증가할 경우 '행복'은 0.498점 증가한다는 것을 의미한다.

'건강한 자기관리'로 '행복'을 설명하는 단순선형 회귀모형의 설명력($R^2$)은 .268로 나타났다. 이는 전체 '행복'의 변동 중 '건강한 자기관리' 변수로 26.8%를 설명하고 있다는 것을 의미한다. 일반적으로 좋은 회귀모형으로 간주되기 위해서는 40% 이상의 설명력이 요구되며, 60% 이상의 설명력을 나타낼 경우 매우 훌륭한 연구결과로 간주된다.

오차의 독립성을 검정하기 위해서는 잔차(residual)에 대한 Durbin-Watson 통계량 값을 살펴보아야 한다. <표 3-2>는 표본의 크기가 100 이상일 경우 독립변수의 수에 따른 Durbin-Watson 통계량의 상한($d_U$) 및 하한($d_L$) 값이다. 상한($d_U$)보다 크면 오차는 서로 독립이라고 판단하고, 하한($d_U$)보다 작으면 오차는 서로 양의 상관관계에 있다고 판단하며, 하한과 상한 사이의 값일 경우 판단을 유보한다.

**〈표 3-2〉 Durbin-Watson 통계량의 하한 및 상한**

| 독립변수의 수 | 하한($d_L$) | 상한($d_U$) |
|---|---|---|
| 1 | 1.65 | 1.69 |
| 2 | 1.63 | 1.72 |
| 3 | 1.61 | 1.74 |
| 4 | 1.59 | 1.76 |
| 5 | 1.57 | 1.78 |

Durbin-Watson 통계량을 구하기 위해서는 **car** 패키지의 durbinWatsonTest() 함수를 사용할 수 있다.

**[ 잔차의 독립성 ]**

```
> library(car)
> sreg.res1 = residuals(bs.out2)
> durbinWatsonTest(sreg.res1)
[1] 1.787942
```

[연구문제 8-1]에 대한 Durbin-Watson 통계량 값은 1.79이기 때문에 독립변수가 1인 경우의 상한인 1.69보다 크게 나타났다. 이는 오차는 서로 독립이라고 판단할 수 있다는 것을 의미한다.

**[ 잔차의 등분산성 ]**

```
> par(mfrow=c(2,2))
> plot(bs.out2)
```

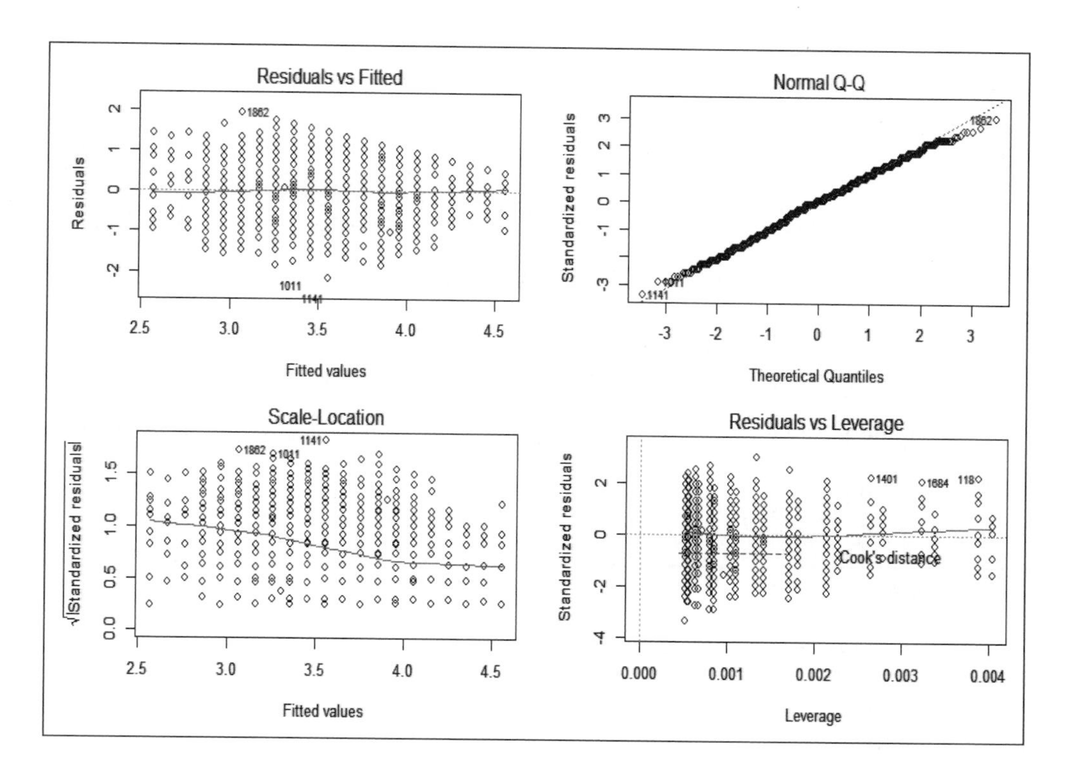


잔차의 등분산성을 입증하기 위해서는 산점도에서 '예측값(Fitted values)'의 변화에 관계없이 '잔차(Residuals)'가 분포하는 모습이 일정하여야 한다. 위의 출력결과에서 산점도는 좌측 상단에 있는 그림이다. 산점도를 살펴보면 독립변수인 표준화된 '건강한 자기관리'를 설명변수로 하여 예측된 표준화된 '행복'의 값이 증가할수록 '잔차' 또는 '표준화된 잔차의 제곱근'(퍼져 있는 정도)이 감소되는 형태를 보이고 있는 것으로 판단된다. 이는 '건강한 자기관리'를 잘하는 집단일수록 '행복'의 개인적인 차이는 감소되고 있다는 것을 내포하고 있다. 이러한 현상을 수용한 회귀분석은 '행복'의 분산(또는 표준편차)이 '건강한 자기관리'의 값과 반비례하는 관계를 고려하여 가중치를 설정한 가중최소제곱(weighted least squares) 방법을 사용하는데, 연구 초보자에게는 다소 어렵기 때문에 여기에서는 살펴보지 않기로 한다.

**[ 잔차의 정규성 ]**

```
> shapiro.test(sreg.res1)

        Shapiro-Wilk normality test

data:  sreg.res1
W = 0.99439, p-value = 1.148e-06
```

잔차에 대한 정규성 검정 결과 유의확률이 .000으로 유의수준 .05보다 매우 작다. 이는 잔차가 정규분포를 따른다는 귀무가설을 채택할 수가 없다는 것을 의미한다. 잔차에 대한 등분산성과 정규성을 가정할 수가 없기 때문에 [연구문제 8-1]을 검정하기 위하여 단순선형 회귀분석을 적용하는 것은 문제가 있을 수 있다. 이에 대한 대안은 Box-Cox 변수변환 방법을 적용할 수 있다. 이 책에서는 설명의 편의를 위해서 변수변환 없이 분석을 진행하겠다.

■ **주요 개념**

- 단순선형 회귀분석(simple linear regression analysis)
- 독립성 검정
- 등분산성
- 정규성 검정
- 산점도(scatter plot)

- **base 패키지**
  - attach
  - summary
- **stats 패키지**
  - lm
  - residuals
  - shapiro.test
- **graphics 패키지**
  - par
  - plot
- **car 패키지**
  - durbinWatsonTest

## 2 다중선형 회귀분석

**연구문제 8-2**

건강한 자기관리와 건강한 몸의 느낌이 변화함에 따라 행복은 어떻게 변화하는가?

**[연구문제 해결을 위한 통계분석 설명]**

[연구문제 8-2]는 두 개 이상의 독립변수로 종속변수를 설명하기 위한 방법으로, 다중선형 회귀분석을 통하여 해결할 수 있다. 단순선형 회귀분석과 마찬가지로 다중선형 회귀분석에서도 독립변수의 값이 1단위 증가함에 따라서 종속변수가 어느 정도 증가되는지를 파악하는 것이 주된 관심 사항이기 때문에 일반적으로 기울기에 관심을 더 갖게 된다.

다중선형 회귀모형에서는 종속변수를 독립변수들에 대한 선형함수와 오차의 합으로 표현하며, 오차에 대한 분포는 각 오차가 서로 독립인 정규분포를 가정한다. 아울러 독립변수들의 값은 주어진 값이라고 가정하고 종속변수(Y)는 독립변수들($X_1$, $X_2$, $\cdots$ $X_p$)의 선형함수와 오차의 합으로 구성되기 때문에, 종속변수의 분포는 정규분포를 따른다는 것을 가정한다[이론적으로는 종속변수와 p개의 독립변수들의 결합분포(joint distribution)는 다변량 정규분포를 따른다는 가정으로부터, 회귀모형에서는 독립변수들의 값을 주어진 상수로 가정하기 때문에 독립변수들이 주어진 상태에서의 종속변수의 조건부 분포(conditional distribution)가 정규분포를 따른다는 것을 가정하는 것과 같은 효과이다]. 따라서 다중선형 회귀분석을 적용하기 위해서는 오차에 대한 독립성, 등분산성(독립변수들의 값에 관계없이 오차의 분산이 동일하다는 것), 그리고 정규성을 검정하여야 한다.

오차(error)에 대한 독립성은 오차의 추정치인 잔차(residual)에 대한 Durbin-Watson 검정을 통해서 가능하며, 오차의 등분산성에 대한 검정은 독립변수와 잔차(residual)에 대한 산점도(scatter plot)를 통하여 시각적으로 확인할 수 있다. 오차의 정규성은 표준화된 잔차(또는 삭제된 표준화잔차)에 대한 정규성 검정을 통하여 가능하다.

다중선형 회귀모형에서는 두 개 이상의 독립변수가 주어졌다는 가정에서 종속변수에 대한 분포를 가정하고 있다. 이는 독립변수들은 서로 독립적이어야 한다는 것을 의미한다. 어느 독립변수가 다른 독립변수들의 선형함수로 표현될 수 있을 경우 그 변수는 다른 변수와 독립적이지 못하다고 하며, 이를 판단하는 값이 다중공선성 통계량인 VIF(variance inflation factor)이다. VIF 값의 제곱근은 해당되는 독립변수의 회귀계수에 대한 신뢰구간의 폭이 그 해당 변수가 다른 독립변수들과 상관관계가 없을 경우에 구할 수 있는 신뢰구간의 폭의 몇 배인지를 나타내는 값이다.[1] 일반적으로 2~3배 정도를 초과하면 해당 변수가 다른 독립변수과의 상관관계가 높다고 판단할 수 있다. 따라서 VIF 값이 9~10 이상일 경우(또는 VIF 값의 제곱근이 3~3.16 이상일 경우) 해당 변수는 다른 독립변수들과 독립적이지 않다고 판단할 수 있다.

```
> attach(data1)
> bs.out3 = lm(Happiness ~ BM + BF )
> summary(bs.out3)

Call:
lm(formula = Happiness ~ BM + BF)

Residuals:
     Min       1Q   Median       3Q      Max
-2.23134 -0.40553  0.02014  0.41352  1.86210

Coefficients:
            Estimate Std. Error t value Pr(>|t|)
(Intercept)  1.60995    0.06412   25.11   <2e-16 ***
BM           0.29054    0.02331   12.47   <2e-16 ***
BF           0.33817    0.02435   13.89   <2e-16 ***
---
Signif. codes:  0 '***' 0.001 '**' 0.01 '*' 0.05 '.' 0.1 ' ' 1

Residual standard error: 0.6106 on 1922 degrees of freedom
Multiple R-squared:  0.3343,    Adjusted R-squared:  0.3336
F-statistic: 482.6 on 2 and 1922 DF,  p-value: < 2.2e-16
```

1 Fox, J. and Weisberg, S. (2011). *An R Companion to Applied Regression.* 2nd ed. SAGE Publications, Inc. p 325.

종속변수인 '행복(Happiness)'을 설명하기 위한 '건강한 자기관리(BM)'와 '건강한 몸의 느낌(BF)' 변수의 회귀계수에 대한 유의성을 살펴보면, 유의확률이 모두 .001보다 작다는 것을 알 수 있다. 이는 두 변수 모두 의미가 있는 독립변수라는 것을 의미한다. 아울러 다중 회귀모형의 설명력은 33.4%이다.

두 개 이상의 독립변수(설명변수)로 종속변수를 설명하기 위한 다중 회귀모형을 분석할 경우 독립변수 간의 독립성이 전제되어야 한다. 이를 다중공선성을 나타내는 VIF(variance inflation factor) 값을 통하여 독립변수 간의 종속성을 판단할 수 있다.

**[ 다중공선성 진단 ]**

```
> library(car)
> vif(bs.out3)
      BM       BF
1.693504 1.693504
```

출력결과 '건강한 몸의 느낌(BF)'과 '건강한 자기관리(BM)' 모두 공선성 통계량인 VIF 값이 1.694로 9보다 작다. 이는 두 변수 모두 다중 회귀모형의 다른 독립변수와 독립적이라고 판단할 수 있다는 것을 의미한다.

**[ 잔차의 독립성 ]**

```
> sreg.res2 = residuals(sreg.out4)
> durbinWatsonTest(sreg.res2)
[1] 1.820914
```

잔차의 독립성을 나타내는 Durbin-Watson 통계량이 1.82로 <표 3-2>에서 독립변수의 수가 2인 경우인 상한($d_U$)인 1.72보다 크다. 따라서 오차의 독립성을 가정할 수 있다는 것도 확인할 수 있다.

잔차의 등분산성 및 정규성 검정은 단순선형 회귀분석과 같은 방법으로 할 수 있다.

■ **주요 개념**

- 다중선형 회귀모형(multiple linear regression model)
- 독립성 검정
- 등분산성
- 정규성 검정
- 산점도(scatter plot)
- 다중공선성(multi-collinearity)
- VIF(variance inflation factor)
- Durbin-Watson 통계량

R 언어

- **base 패키지**
  - `attach`
  - `summary`
- **stats 패키지**
  - `lm`
- **car 패키지**
  - `vif`
  - `durbinWatsonTest`

## 3 변수선택기법

**연구문제 8-3**

성별, 교육정도, 건강한 몸의 느낌, 건강한 자기관리, 행복을 설명변수로 하여 종속변수인 평화를 설명하고자 한다. 적절한 설명변수는 무엇인가?

**[연구문제 해결을 위한 통계분석 설명]**

[연구문제 8-3]은 여러 개의 독립변수(설명변수) 중에서 종속변수를 설명하기 위한 적절한 변수를 선택하는 문제로, 다중회귀분석 기법 중 변수선택기법(variable selection method)을 이용한다. 여러 개의 설명변수 중에서 종속변수를 설명하는 데 필요한 변수를

선택하기 위한 방법은 전방선택(forward selection), 후진제거(back elimination), 단계적 선택(stepwise selection) 등 여러 가지가 있지만 일반적으로 단계적 선택 방법을 권장한다. 변수선택을 위해서 step() 함수 또는 **mixlm** 패키지의 stepWiseBack() 함수를 사용할 수 있다.

```
> rm(list=ls(all=TRUE))
> Data1 = read.delim("c:\\Data\\Data1.txt")
> library(mixlm)
> attach(Data1)
> bs.out4 = lm(Peace ~ BF + BM + Happiness + Gender + EDU )
> summary(bs.out4)

Call:
lm(formula = Peace ~ BF + BM + Happiness + Gender + EDU)

Residuals:
     Min        1Q    Median        3Q       Max
-1.74223  -0.34914  0.03571  0.33149  1.74050

Coefficients:
              Estimate Std. Error t value  Pr(>|t|)
(Intercept)    1.73085    0.07598   22.780  < 2e-16 ***
BF             0.05503    0.02256    2.440  0.01479 *
BM             0.04822    0.02149    2.244  0.02498 *
Happiness      0.44323    0.02023   21.910  < 2e-16 ***
Gender        -0.06572    0.02535   -2.592  0.00961 **
EDU           -0.01142    0.01509   -0.756  0.44956
---
Signif. codes:  0 '***' 0.001 '**' 0.01 '*' 0.05 '.' 0.1 ' ' 1

s: 0.5375 on 1919 degrees of freedom
Multiple R-squared: 0.3327,
Adjusted R-squared: 0.331
F-statistic: 191.4 on 5 and 1919 DF,  p-value: < 2.2e-16
```

```
> bs.out5 = stepWiseBack(bs.out4, alpha.enter=0.05, alpha.remove=0.05, full=TRUE)

Stepwise regression (backward-forward), alpha-to-remove: 0.05, alpha-to-enter: 0.05

Full model: Peace ~ BF + BM + Happiness + Gender + EDU
<environment: 0x000000000b69bde8>

--= Step (backward) 1 =--
Single term deletions

Model:
Peace ~ BF + BM + Happiness + Gender + EDU
          Df Sum of Sq    RSS     AIC  F value     Pr(>F)
<none>                 554.32 -2384.5
BF         1     1.719 556.04 -2380.6   5.9520  0.014790 *
BM         1     1.454 555.77 -2381.5   5.0334  0.024976 *
Happiness  1   138.670 692.99 -1956.7 480.0658 < 2.2e-16 ***
Gender     1     1.941 556.26 -2379.8   6.7197  0.009607 **
EDU        1     0.165 554.48 -2385.9   0.5720  0.449559
---
Signif. codes:  0 '***' 0.001 '**' 0.01 '*' 0.05 '.' 0.1 ' ' 1

--= Step (backward) 2 =--
Single term deletions

Model:
Peace ~ BF + BM + Happiness + Gender
          Df Sum of Sq    RSS     AIC  F value     Pr(>F)
<none>                 554.48 -2385.9
BF         1     1.702 556.18 -2382.1   5.8932  0.015291 *
BM         1     1.599 556.08 -2382.4   5.5384  0.018704 *
Happiness  1   138.907 693.39  -1957.6 480.9917 < 2.2e-16 ***
Gender     1     2.161 556.64 -2380.5   7.4835  0.006284 **
---
Signif. codes:  0 '***' 0.001 '**' 0.01 '*' 0.05 '.' 0.1 ' ' 1
```

단계적 선택 방법에서 진입변수와 제거변수의 기준을 모두 'alpha=.05'로 설정한 결과, 1단계(Step 1)에서 '교육정도(EDU)'의 유의확률이 .45이기 때문에 2단계(Step 2)에서 제거되었고, '건강한 몸의 느낌(BF)', '건강한 자기관리(BM)', '행복(Happiness)', '성별(Gender)' 변수에 대한 유의확률이 모두 유의수준 .05보다 작게 나타났다.

```
> summary(bs.out5)

Call:
lm(formula = Peace ~ BF + BM + Happiness + Gender, data = Data1)

Residuals:
    Min       1Q   Median       3Q      Max
-1.7457 -0.3422  0.0370  0.3295  1.7371

Coefficients:
             Estimate Std. Error t value  Pr(>|t|)
(Intercept)   1.70196    0.06567  25.915  < 2e-16 ***
BF            0.05475    0.02255   2.428  0.01529 *
BM            0.05020    0.02133   2.353  0.01870 *
Happiness     0.44188    0.02015  21.932  < 2e-16 ***
Gender       -0.06857    0.02507  -2.736  0.00628 **
---
Signif. codes:  0 '***' 0.001 '**' 0.01 '*' 0.05 '.' 0.1 ' ' 1

s: 0.5374 on 1920 degrees of freedom
Multiple R-squared: 0.3325,
Adjusted R-squared: 0.3311
F-statistic: 239.1 on 4 and 1920 DF,  p-value: < 2.2e-16
```

출력결과를 살펴보면, 단계적 변수선택에 의한 다중회귀분석 결과 종속변수인 '평화(Peace)'를 설명하기 위한 추정된 회귀직선은 다음과 같다.

$$Peace = 1.702 + 0.055 \cdot BF + 0.05 \cdot BM + 0.442 \cdot Happiness - 0.069 \cdot Gender$$

모형의 설명력은 33.25%로 나타났다.

[연구문제 8-3]을 위하여 성별과 교육정도를 Gender 변수와 EDU 변수를 사용하여 연속형 변수로 간주하였다. 하지만 성별과 교육정도를 연속형 변수로 간주하는 것보다는 집단변수로 간주하여 분석하는 것이 더 타당하다. 예를 들어, 교육정도를 연속형 변수로 간주할 경우 교육정도가 증가(또는 감소)할 경우 종속변수인 평화가 선형적으로 증가(또는 감소)한다고 볼 수가 없기 때문이다. 따라서 성별(Gender)과 교육정도(EDU)를 집단변수로 지정하여 분석할 필요가 있으며, 그 방법은 factor() 함수를 이용하여 factor(Gender)와 factor(EDU)로 지정하면 된다.

```
> bs.out6=lm(Peace~BF+BM+Happiness+factor(Gender)+factor(EDU), data=Data1)
> summary(bs.out6)

Call:
lm(formula = Peace ~ BF + BM + Happiness + factor(Gender) + factor(EDU),
    data = Data1)

Residuals:
     Min       1Q   Median       3Q      Max
-1.77094 -0.34508  0.03346  0.33155  1.76489

Coefficients:
                     Estimate Std. Error t value  Pr(>|t|)
(Intercept)         1.8235660  0.0740713  24.619  < 2e-16 ***
BF                  0.0541215  0.0224469   2.411 0.015998 *
BM                  0.0463931  0.0213890   2.169 0.030204 *
Happiness           0.4407108  0.0201386  21.884  < 2e-16 ***
factor(Gender)(1)  -0.0615161  0.0252854  -2.433 0.015071 *
factor(EDU)(2)     -0.1346394  0.0432228  -3.115 0.001867 **
factor(EDU)(3)     -0.1394468  0.0394577  -3.534 0.000419 ***
factor(EDU)(4)      0.0001638  0.0525968   0.003 0.997516
---
Signif. codes:  0 '***' 0.001 '**' 0.01 '*' 0.05 '.' 0.1 ' ' 1

s: 0.5347 on 1917 degrees of freedom
Multiple R-squared: 0.3401,
Adjusted R-squared: 0.3377
F-statistic: 141.2 on 7 and 1917 DF,  p-value: < 2.2e-16
```

```
> bs.out7 = stepWiseBack(bs.out6, alpha.enter=0.05, alpha.remove=0.05,
full=TRUE)
Stepwise regression (backward-forward), alpha-to-remove: 0.05, alpha-to-
enter: 0.05

Full model: Peace ~ BF + BM + Happiness + factor(Gender) + factor(EDU)
<environment: 0x000000000ab42870>

--= Step (backward) 1 =--
Single term deletions

Model:
Peace ~ BF + BM + Happiness + factor(Gender) + factor(EDU)
               Df Sum of Sq    RSS     AIC  F value     Pr(>F)
<none>                      548.15 -2402.0
BF              1     1.662 549.82 -2398.2   5.8134    0.01600 *
BM              1     1.345 549.50 -2399.3   4.7047    0.03020 *
Happiness       1   136.939 685.09 -1974.8 478.9039  < 2.2e-16 ***
factor(Gender)  1     1.692 549.85 -2398.1   5.9188    0.01507 *
factor(EDU)     3     6.329 554.48 -2385.9   7.3775  6.487e-05 ***
---
Signif. codes:  0 '***' 0.001 '**' 0.01 '*' 0.05 '.' 0.1 ' ' 1
```

[연구문제 8-3]을 위하여 성별과 교육정도를 집단변수를 나타내는 factor(Gender) 변수와 factor(EDU) 변수를 사용하여 분석하면, 성별과 교육정도를 Gender 변수와 EDU 변수를 연속형 변수로 간주하여 분석한 결과와 달리 'factor(EDU)' 변수도 '평화(Peace)'를 설명하는 변수로 나타났다.

```
> summary(bs.out7)

Call:
lm(formula = Peace ~ BF + BM + Happiness + factor(Gender) + factor(EDU),
    data = Data1)

Residuals:
     Min        1Q    Median        3Q       Max
-1.77094 -0.34508  0.03346  0.33155  1.76489

Coefficients:
                    Estimate Std. Error t value  Pr(>|t|)
(Intercept)        1.8235660  0.0740713  24.619  < 2e-16 ***
BF                 0.0541215  0.0224469   2.411 0.015998 *
BM                 0.0463931  0.0213890   2.169 0.030204 *
Happiness          0.4407108  0.0201386  21.884  < 2e-16 ***
factor(Gender)(1) -0.0615161  0.0252854  -2.433 0.015071 *
factor(EDU)(2)    -0.1346394  0.0432228  -3.115 0.001867 **
factor(EDU)(3)    -0.1394468  0.0394577  -3.534 0.000419 ***
factor(EDU)(4)     0.0001638  0.0525968   0.003 0.997516
---
Signif. codes:  0 '***' 0.001 '**' 0.01 '*' 0.05 '.' 0.1 ' ' 1

s: 0.5347 on 1917 degrees of freedom
Multiple R-squared: 0.3401,
Adjusted R-squared: 0.3377
F-statistic: 141.2 on 7 and 1917 DF,  p-value: < 2.2e-16
```

[연구문제 8-3]을 위하여 성별과 교육정도를 집단변수를 나타내는 factor(Gender) 변수와 factor(EDU) 변수를 사용하여 분석을 한 결과 '교육정도(EDUC)'도 '평화(Peace)'를 설명하는 변수로 나타난 이유는 기준집단인 (EDUC=1) 집단과 (EDUC=4) 집단의 평화의 차이는 없지만 (EDUC=2) 집단과 (EDUC=3) 집단은 기준집단(EDUC=1)과 평균 평화의 차이가 있기 때문이다. 이는 교육정도가 증가할수록 평화가 선형적으로 증가(또

는 감소)하는 관계가 아니기 때문이다. 따라서 교육정도를 연속형 변수로 간주하여 교육정도가 높을수록 평화가 선형적으로 증가 또는 감소하는 관계를 설정하는 선형 회귀모형보다는 교육정도를 집단변수로 간주하는 일반선형 회귀모형이 더 정확하다는 것을 알 수 있다.

변수선택은 기본적으로 제공되는 **stats** 패키지의 step() 함수를 사용하여 분석할 수도 있다. 이에 대한 분석결과를 독자가 직접 출력하여 비교하기 바란다.

```
> ### base 패키지의 step 함수 사용 예 ###
> sreg.out5 = lm(Peace ~ BF + BM + Happiness + factor(Gender) + factor(EDU))
> step(sreg.out5, direction="forward")
> step(sreg.out5, direction="backward") #default
> step(sreg.out5, direction="both")
> step(sreg.out5)
```

■ **주요 개념**

- 변수선택기법(variable selection method)
- 전방선택(forward selection)
- 후진제거(back elimination)
- 단계적 선택(stepwise selection)

R 언어

- base 패키지
  - rm
  - attach
  - summary
  - factor
  - step
- stats 패키지
  - lm
- utils 패키지
  - read.delim
- mixlm 패키지
  - stepWiseBack

# 05 분산분석

## 1 일원 분산분석

**연구문제 9-1**

교육정도에 따라서 행복은 달라지는가?

**[연구문제 해결을 위한 통계분석 설명]**

[연구문제 9-1]은 집단변수의 수준에 따라서 종속변수의 평균이 같은지 다른지를 검증하기 위한 경우이다. 집단변수의 수준이 성별처럼 두 가지인 경우에는 집단변수의 수준에 따른 종속변수의 평균을 비교하기 위해서는 이표본 t-검정을 사용하며, 교육정도와 같이 집단변수의 수준이 두 가지 이상인 경우에는 일원 분산분석(one-way analysis of variance)을 사용한다. 교육정도를 집단변수로 지정하기 위해서는 factor() 함수를 사용한다.

```
> Data1 = read.delim("c:\\Data\\Data1.txt")
> data1 = subset(Data1, select=c("Gender", "EDU", "BF", "BM", "Happiness", "Peace"))
> G = factor(Data1$Gender)
> EDUC = factor(Data1$EDU)
> dset1 = data.frame(G, EDUC, data1)
> attach(dset1)
> gc.out1 = lm(Happiness ~ EDUC, data=dset1)
> anova(gc.out1)
Analysis of Variance Table

Response: Happiness
            Df Sum Sq Mean Sq F value  Pr(>F)
EDUC         3    4.9 1.63455  2.9302 0.03247 *
Residuals 1921 1071.6 0.55783
---
Signif. codes:  0 '***' 0.001 '**' 0.01 '*' 0.05 '.' 0.1 ' ' 1
```

교육정도가 높아진다고 해서 행복이 반드시 증가한다고 볼 수 없기 때문에 교육정도를 연속형 변수보다는 집단을 나타내는 명목척도(nominal scale)로 보는 것이 타당하다. 이러한 이유로 교육정도가 명목척도 형태로 저장되어 있는 dset1 데이터 프레임을 이용한다.

출력결과를 살펴보면, 교육정도에 따라서 평균 행복이 동일하다는 귀무가설에 대한 유의확률은 .032로 유의수준 .05보다 작게 나타났기 때문에 귀무가설은 기각된다. 이는 교육정도에 따라서 평균 행복이 동일하지 않다는 것을 의미한다. 따라서 사후분석을 통하여 교육정도에 따른 평균 행복의 차이를 좀 더 자세히 살펴 볼 필요가 있다.

```
> summary(gc.out1)

Call:
lm(formula = Happiness ~ EDUC, data = dset1)

Residuals:
    Min       1Q   Median      3Q      Max
-2.1512  -0.4754   0.1246  0.4488   1.5246

Coefficients:
               Estimate Std. Error t value Pr(>|t|)
(Intercept)     3.58670    0.04893  73.303  <2e-16 ***
EDUC(2)        -0.11127    0.05980  -1.861  0.0629 .
EDUC(3)        -0.03552    0.05422  -0.655  0.5125
EDUC(4)         0.06330    0.07219   0.877  0.3806
---
Signif. codes:  0 '***' 0.001 '**' 0.01 '*' 0.05 '.' 0.1 ' ' 1

s: 0.7469 on 1921 degrees of freedom
Multiple R-squared: 0.004555,
Adjusted R-squared: 0.003001
F-statistic:  2.93 on 3 and 1921 DF,  p-value: 0.03247
```

위의 출력결과를 살펴보면, 기준집단(EDUC=1)의 평균 행복과 비교할 때 다른 세 집단의 평균 행복은 차이가 없다는 귀무가설에 대한 유의확률은 모두 .05보다 크다. 이는 기준집단과 다른 집단과의 평균 차이를 비교한 것이기 때문에 좀 더 자세한 집단 비교를 할 필요가 있다. 교육정도에 따른 집단 간 평균 행복에 대하여 위의 출력결과를 통해서 알 수 있는 것은 교육정도에 따른 평균 행복의 추정된 값의 크기는 EDUC=2 < EDUC=3 < EDUC=1 < EDUC=4이라는 것뿐이다(이는 각 집단에 대한 기울기의 추정치를 살펴보면 알 수 있다). 집단 간 평균 행복의 차이에 대한 통계적인 유의성을 검정하기 위해서는 **multcomp** 패키지의 glht() 함수를 사용할 수 있다.

```
> library(multcomp)
> gc.out2 = glht(gc.out1, linfct=mcp(EDUC="Tukey"))
> summary(gc.out2)

         Simultaneous Tests for General Linear Hypotheses

Multiple Comparisons of Means: Tukey Contrasts


Fit: lm(formula = Happiness ~ EDUC, data = dset1)

Linear Hypotheses:
             Estimate Std. Error z value Pr(>|z|)
2 - 1 == 0  -0.11127    0.05980  -1.861   0.2368
3 - 1 == 0  -0.03552    0.05422  -0.655   0.9105
4 - 1 == 0   0.06330    0.07219   0.877   0.8108
3 - 2 == 0   0.07575    0.04157   1.822   0.2540
4 - 2 == 0   0.17458    0.06324   2.761   0.0279 *
4 - 3 == 0   0.09883    0.05799   1.704   0.3120
---
Signif. codes:  0 '***' 0.001 '**' 0.01 '*' 0.05 '.' 0.1 ' ' 1
(Adjusted p values reported -- single-step method)
```

출력결과를 살펴보면, (EDUC=4)인 집단과 (EDUC=2)인 집단과의 평균 행복의 차이만이 통계적으로 유의한 것을 알 수 있다. 교육정도에 따른 평균 행복의 추정된 값의 크기는 EDUC=2 < EDUC=3 < EDUC=1 < EDUC=4인 것을 토대로 판단할 때, (EDUC=2, EDUC=3, EDUC=1) 집단은 서로 간에 평균 행복의 차이가 없고, (EDUC=3, EDUC=1, EDUC=4) 집단 또한 서로 간에 평균 행복의 차이는 없지만 EDUC=2 집단과 EDUC=4 집단의 평균 행복의 차이는 있다고 판단할 수 있다. 일원분산분석에서 요인에 따른 종속변수의 평균이 동일하다는 귀무가설이 기각될 경우, 집단 간의 종속변수의 평균이 어느 집단 간에 차이가 나는지를 살펴보기 위한 분석을 시행할 필요가 있으며, 이를 '사후분석'이라고 부른다.

**[ 잔차의 정규성 검정 ]**

```
> shapiro.test(gc.out1$residuals)

        Shapiro-Wilk normality test

data:  gc.out1$residuals
W = 0.97173, p-value < 2.2e-16
```

출력결과를 살펴보면, 잔차의 정규성 검정 결과 유의확률이 .000으로 유의수준 .05보다 매우 작게 나타났다. 따라서 교육정도에 따른 평균 행복의 차이를 살펴보기 위하여 일원 분산분석 모형을 적용할 경우 오차의 정규성을 가정하고 있기 때문에 연구자는 이에 대한 한계를 명백히 인식하고 대안을 강구하거나 연구보고서에 문제점을 명기하여야 한다.

**■ 주요 개념**

- 일원 분산분석(one-way analysis of variance)
- 명목척도(nominal scale)
- 사후분석

- base 패키지
  - `factor`
  - `subset`
  - `data.frame`
  - `attach`
  - `summary`
- stats 패키지
  - `lm`
  - `anova`
  - `shapiro.test`
- utils 패키지
  - `read.delim`
- multcomp 패키지
  - `glht`

## 2 여러 집단 비교를 위한 비모수 검정: Kruskal-Wallis 검정

**연구문제 9-2**

대한민국 성인의 교육정도에 따른 네 집단의 행복 분포의 위치모수는 동일한가?
동일하지 않다면 어느 집단의 행복 분포의 위치모수가 더 큰가?

**[연구문제 해결을 위한 통계분석 설명]**

[연구문제 9-1]과 같이 한 변수에 대한 여러 집단의 평균이 동일한지 여부는 고전적인 통계모형인 '일원 분산분석'을 통하여 검정할 수 있지만, 이를 위해서는 오차의 정규성이 가정되어야 한다. 오차의 정규성을 가정할 수 없는 경우에는 비모수적인 방법을 적용할 수 있다. 고전적인 '일원 분산분석'에 해당되는 비모수적인 분석방법은 Kruskal-Wallis 검정이다.

여러 집단별 분포의 위치모수(중위수)가 동일하다는 귀무가설을 검정하기 위한 방법은 다음과 같다.

```
> kruskal.test(Happiness ~ EDUC, data=dset1)

        Kruskal-Wallis rank sum test

data:  Happiness by EDUC
Kruskal-Wallis chi-squared = 13.248, df = 3, p-value = 0.00413
```

출력결과를 살펴보면, 유의확률이 .004로 일반적인 유의수준 .05보다 작다. 따라서 귀무가설이 기각되며, 이는 교육정도에 따른 네 집단의 '행복(Happiness)' 분포의 위치모수(중위수)의 값이 동일하지가 않다는 것을 의미한다.

교육정도에 따른 네 집단의 '행복' 척도에 대한 분포의 형태를 간략하게 살펴보기 위해서는 boxplot() 함수를 사용할 수 있다.

```
> par(mfrow=c(1,1))
> boxplot(Happiness ~ EDUC, data=dset1)
```

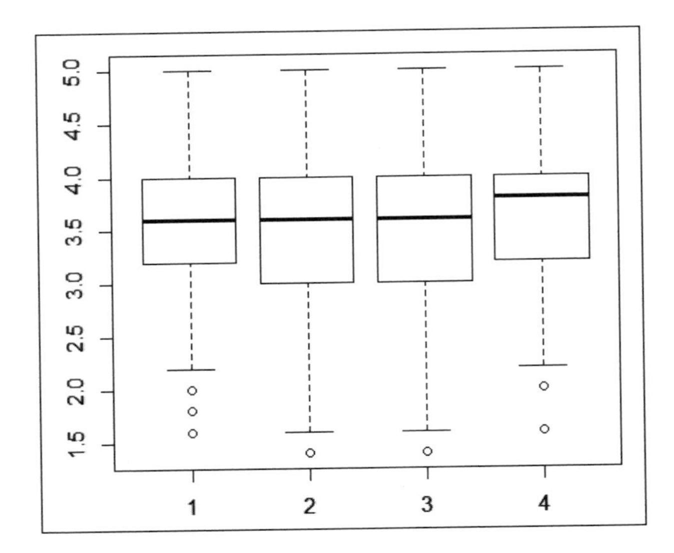


출력결과를 살펴보면, 교육정도가 4인 집단이 다른 세 집단에 비하여 위치모수가 더 큰 것을 시각적으로 확인할 수 있다.

■ **주요 개념**

- 일원 분산분석
- 정규성
- Kruskal-Wallis 검정
- 위치모수

R 언어

- **stats 패키지**
  - `kruskal.test`
- **graphics 패키지**
  - `par`
  - `boxplot`

## 3 이원 분산분석

**연구문제 9-3**

교육정도와 성별에 따라서 평화는 어떻게 다른가?

[연구문제 해결을 위한 통계분석 설명]

[연구문제 9-3]과 같은 형태는 두 종류의 요인(factor)의 조합에 따라서 종속변수의 평균이 동일한지 여부를 알고자 하는 것이다. 예를 들어, 교육정도에 따라서 평균 평화가 같은지 다른지, 그러한 교육정도와 평화의 관계가 성별에 따라서 같은지 다른지에 관심이 있는 경우이다. 이와 같이 두 종류의 집단변수(여기서는 성별과 교육정도)를 설명변수로 하여 종속변수를 설명하는 모형을 이원 분산분석(two-way analysis of variance) 모형이라고 부른다. 두 종류의 집단변수가 종속변수를 독립적으로 설명할 경우 상호작용(interaction)이 없는 이원 분산분석 모형을 적용하고, 한 집단변수와 종속변수의 관계가 다른 종류의 집단변수의 수준에 따라서 다르게 나타날 경우 두 집단변수 간의 상호작용이 있는 이원 분산분석 모형을 적용한다. 상호작용이 있는 이원 분산분석 모형은 조절효과(moderating effect)를 설명하기 위한 모형으로 사용될 수 있다. 예를 들어, 교육정도에 따른 평화의 관계가 성별에 따라서 다르게 나타날 경우, 교육정도와 평화의 관계에서 성별은 조절변수 역할을 한다고 한다(이를 성별과 평화의 관계에서 교육정도가 조절변수 역할을 한다고도 말할 수 있다). 통계적인 시각에서 볼 때 어느 변수를 독립변수로 볼 것인가에 따라서 그에 맞는 조절효과 모형을 선택하는 것이 적절하다고 본다. 조절효과를 검증하기 위해서는 두 요인 간의 상호작용(interaction)이 있는 이원 분산분석 모형을 적용하고, 조절효과가 없고 주효과(main effects)만이 있을 경우에는 상호작용이 없는 이원 분산분석 모형을 적용한다.

```
> gc.out3 = lm(Peace ~ G + EDUC + G*EDUC, data=dset1)
> anova(gc.out3)
Analysis of Variance Table

Response: Peace
            Df Sum Sq Mean Sq F value    Pr(>F)
G            1   2.91  2.9087  6.8436  0.008966 **
EDUC         3  11.79  3.9308  9.2486 4.505e-06 ***
G:EDUC       3   1.22  0.4076  0.9590  0.411195
Residuals 1917 814.76  0.4250
---
Signif. codes:  0 '***' 0.001 '**' 0.01 '*' 0.05 '.' 0.1 ' ' 1
```

'교육정도(EDUC)'와 '평화(Peace)'의 관계가 '성별(G)'에 따라서 다를 경우 '성별'은 조절변수 역할을 한다고 한다. '성별'이 조절변수 역할을 하는지를 검증하기 위하여 '성별'과 '교육정도'의 상호작용(interaction)인 'G:EDUC'의 통계적인 유의성을 살펴보면 유의확률이 .411로 유의수준 .05보다 크다. 이는 유의수준 5%에서 상호작용의 효과가 없다는 것을 의미한다. 따라서 성별과 교육정도의 상호작용이 없는 이원 분산분석 모형을 분석하여야 한다.

```
> gc.out4 = lm(Peace ~ G + EDUC, data=dset1)
> anova(gc.out4)
Analysis of Variance Table

Response: Peace
            Df Sum Sq Mean Sq F value    Pr(>F)
G            1   2.91  2.9087  6.8441  0.008963 **
EDUC         3  11.79  3.9308  9.2492 4.501e-06 ***
Residuals 1920 815.98  0.4250
---
Signif. codes:  0 '***' 0.001 '**' 0.01 '*' 0.05 '.' 0.1 ' ' 1
```

출력결과를 살펴보면, '성별(G)'과 '교육정도(EDUC)'에 해당되는 유의확률이 모두 유의수준 .05보다 작게 나타났다. 이는 '성별'과 '교육정도' 모두 '평화(Peace)'에 영향을 미치는 변수라는 것을 의미한다.

'성별(G)'과 '교육정도(EDUC)'가 '평화(Peace)'에 미치는 영향력의 크기를 출력할 필요가 있다.

```
> summary(gc.out4)

Call:
lm(formula = Peace ~ G + EDUC, data = dset1)

Residuals:
     Min       1Q   Median       3Q      Max
-2.32940 -0.36027  0.06598  0.43973  1.53756

Coefficients:
            Estimate Std. Error t value  Pr(>|t|)
(Intercept)  3.72940    0.04323  86.269  < 2e-16 ***
G1          -0.07159    0.03059  -2.340 0.019362 *
EDUC2       -0.19538    0.05253  -3.719 0.000206 ***
EDUC3       -0.16913    0.04777  -3.541 0.000409 ***
EDUC4        0.01844    0.06368   0.290 0.772148
---
Signif. codes:  0 '***' 0.001 '**' 0.01 '*' 0.05 '.' 0.1 ' ' 1

Residual standard error: 0.6519 on 1920 degrees of freedom
Multiple R-squared:  0.0177,	Adjusted R-squared:  0.01565
F-statistic: 8.648 on 4 and 1920 DF,  p-value: 6.462e-07
```

출력결과를 살펴보면, 기준집단은 여성(G=0)이면서 중졸 이하의 학력(EDUC=1)인 집단으로, 성별과 교육정도에 따른 각 집단의 평균 평화를 추정할 수 있다.

```
> B = gc.out4$coefficients
> B
(Intercept)          G1        EDUC2        EDUC3        EDUC4
 3.72940320 -0.07158717  -0.19537884  -0.16913084   0.01844265
```

```
> fit.G0E1 = B[1]                  # 여성(G=0)이면서 중졸 이하(EDUC=1)
> fit.G0E2 = B[1] + B[3]           # 여성(G=0)이면서 고졸 또는 중퇴(EDUC=2)
> fit.G0E3 = B[1] + B[4]           # 여성(G=0)이면서 대졸 또는 중퇴(EDUC=3)
> fit.G0E4 = B[1] + B[5]           # 여성(G=0)이면서 대학원 졸업 또는 중퇴(EDUC=4)
> fit.G1E1 = B[1] + B[2]           # 남성(G=1)이면서 중졸 이하(EDUC=1)
> fit.G1E2 = B[1] + B[2] + B[3]    # 남성(G=1)이면서 고졸 또는 중퇴(EDUC=2)
> fit.G1E3 = B[1] + B[2] + B[4]    # 남성(G=1)이면서 대졸 또는 중퇴(EDUC=3)
> fit.G1E4 = B[1] + B[2] + B[5]    # 남성(G=1)이면서 대학원 졸업 또는 중퇴(EDUC=4)
```

```
> fit.G0E1
(Intercept)
   3.729403
> fit.G0E2
(Intercept)
   3.534024
> fit.G0E3
(Intercept)
   3.560272
> fit.G0E4
(Intercept)
   3.747846
> fit.G1E1
(Intercept)
   3.657816
> fit.G1E2
(Intercept)
   3.462437
> fit.G1E3
(Intercept)
   3.488685
> fit.G1E4
(Intercept)
   3.676259
```

출력결과를 토대로 추정된 성별과 교육정도에 따른 평균 평화는 <표 3-3>과 같다.

〈표 3-3〉 성별과 교육정도에 따른 평화의 추정값

| 성별(G) | 교육정도(EDUC) | 평화의 추정값 |
|---|---|---|
| 0 | 1 | 3.729 |
| | 2 | 3.534 |
| | 3 | 3.560 |
| | 4 | 3.748 |
| 1 | 1 | 3.658 |
| | 2 | 3.462 |
| | 3 | 3.489 |
| | 4 | 3.676 |

이원 분산분석 모형도 오차의 정규성을 가정하고 있다. 따라서 잔차에 대한 정규성 검정을 하여야 하지만 여기서는 생략한다.

■ **주요 개념**

- 이원 분산분석
- 상호작용(interaction)
- 조절효과(moderating effect)
- 조절변수(moderating variable, moderator)
- 주효과(main effect)

- base 패키지
  - `summary`
- stats 패키지
  - `lm`
  - `anova`

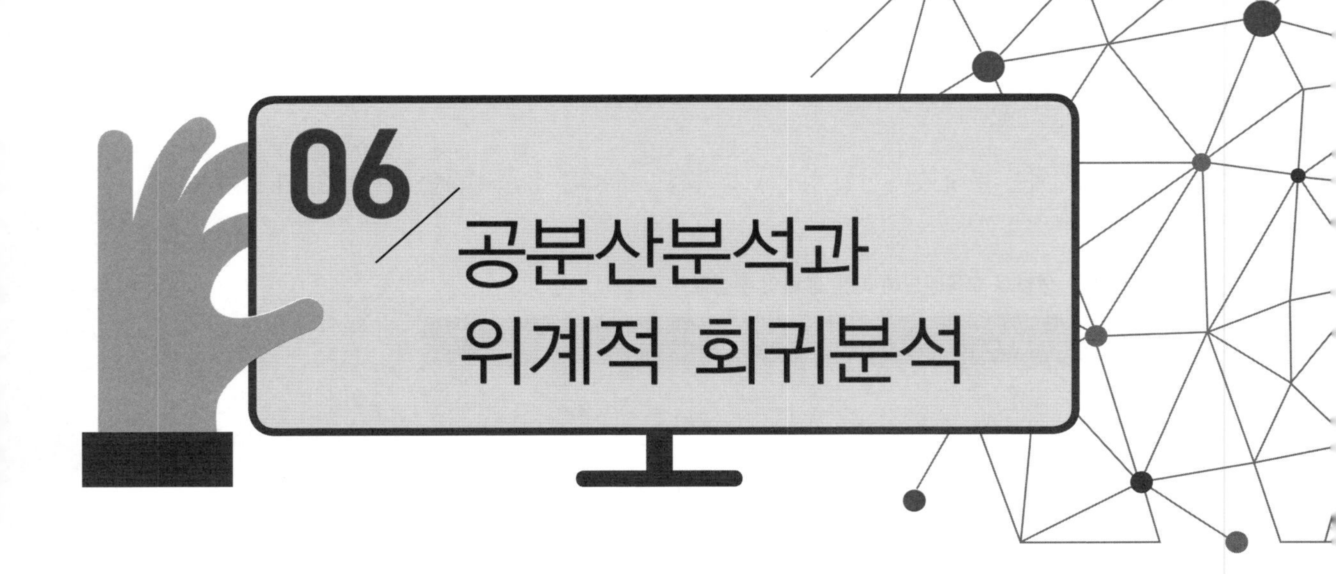


## 1 공분산분석

**연구문제 10-1**

건강한 자기관리와 행복의 관계가 성별에 따라서 달라지는가?

종속변수와 밀접한 관계가 있는 독립변수가 종속변수에 미치는 영향을 제거한 후 집단변수가 종속변수에 미치는 영향을 파악하고자 하는 경우, 종속변수와 밀접한 관련이 있는 독립변수를 공변인(covariate)이라고 부르며, 공변인이 종속변수에 미치는 영향을 제거한 후 집단변수의 영향력을 파악하는 분석방법을 공분산분석(analysis of covariance)이라고 한다.

```
> gc.out5 = lm(Happiness ~ BM + G + G*BM, data=dset1)
> anova(gc.out5)
Analysis of Variance Table

Response: Happiness
            Df Sum Sq Mean Sq  F value    Pr(>F)    
BM           1 287.95 287.946 706.2220 < 2.2e-16 ***
G            1   3.17   3.166   7.7662  0.005376 ** 
BM:G         1   2.14   2.138   5.2435  0.022137 *  
Residuals 1921 783.25   0.408                       
---
Signif. codes:  0 '***' 0.001 '**' 0.01 '*' 0.05 '.' 0.1 ' ' 1
```

출력결과를 살펴보면, '건강한 자기관리(BM)'와 '성별(G)' 모두 '행복(Happiness)'에 대한 유의확률이 각각 .000과 .005로 모두 유의수준 .05보다 작고, 건강한 자기관리와 성별의 상호작용(BM:G) 또한 유의확률이 .022로 .05보다 작게 나타났다. 이는 '건강한 자기관리(BM)'와 '행복(Happiness)'의 함수관계가 '성별(G)'의 수준에 따라서 다르게 표현된다는 것으로, 건강한 자기관리와 행복의 관계에 있어서 성별은 조절변수(moderator) 역할을 한다는 것을 의미한다.

```
> summary(gc.out5)

Call:
lm(formula = Happiness ~ BM + G + G * BM, data = dset1)

Residuals:
    Min      1Q  Median      3Q     Max
-2.1095 -0.4392  0.0386  0.4238  1.8720

Coefficients:
            Estimate Std. Error t value  Pr(>|t|)
(Intercept)  2.20198    0.07543  29.193  < 2e-16 ***
BM           0.46301    0.02478  18.681  < 2e-16 ***
G1          -0.34181    0.11703  -2.921  0.00353 **
BM:G1        0.08677    0.03789   2.290  0.02214 *
---
Signif. codes:  0 '***' 0.001 '**' 0.01 '*' 0.05 '.' 0.1 ' ' 1

Residual standard error: 0.6385 on 1921 degrees of freedom
Multiple R-squared:  0.2724,    Adjusted R-squared:  0.2713
F-statistic: 239.7 on 3 and 1921 DF,  p-value: < 2.2e-16
```

출력결과를 살펴보면, 모형의 설명력은 27.13%로 나타났다.

■ **주요 개념**

- 공분산분석(analysis of covariance)
- 공변인(covariate)
- 상호작용(interaction)
- 조절변수(moderator)

- base 패키지
  - `summary`
- stats 패키지
  - `lm`
  - `anova`

## 2 위계적 회귀분석

**연구문제 10-2**

연구자는 평화에 영향을 미치는 요인이 성별이고, 그다음에 건강한 몸의 느낌과 건강한 자기관리가 영향을 미치고, 마지막 단계에서 행복이 영향을 미친다고 생각하고 있다. 이러한 연구자의 생각은 근거가 있는가?

### [연구문제 해결을 위한 통계분석 설명]

[연구문제 10-2]는 연구자가 설정한 종속변수(여기서는 평화)와 관련된 연구를 통하여 종속변수가 성별, 학력, 소득수준 등과 같이 연구대상의 유전적 요인, 환경적 요인을 나타내는 인구통계적 변인(socio-demographic variable)을 이용하여 종속변수를 설명한 후(이를 인구통계적 변인의 효과를 제거하거나 고정시킨다고도 표현한다), 다른 종류의 설명변수가 단계적으로 모형에 투입될 경우에 나타나는 현상을 살펴봄으로써 종속변수에 미치는 설명변수의 영향을 살펴보기 위한 문제이다. 이를 위한 분석방법이 위계적 회귀분석

(hierarchical regression analysis)이다. 인구통계적 변인은 SES(socio-economic status) 변수라고도 불린다.

```
> attach(dset1)
> hr.out1 = lm(Peace ~ G)
> summary(hr.out1)

Call:
lm(formula = Peace ~ G)

Residuals:
     Min       1Q   Median       3Q      Max
-2.31762 -0.39665  0.08238  0.40335  1.48238

Coefficients:
            Estimate Std. Error t value Pr(>|t|)
(Intercept)  3.59665    0.01947 184.766  < 2e-16 ***
G1          -0.07904    0.03041  -2.599  0.00941 **
---
Signif. codes:  0 '***' 0.001 '**' 0.01 '*' 0.05 '.' 0.1 ' ' 1

Residual standard error: 0.6561 on 1923 degrees of freedom
Multiple R-squared:  0.003502,  Adjusted R-squared:  0.002983
F-statistic: 6.757 on 1 and 1923 DF,  p-value: 0.009409
```

종속변수 '평화'를 설명하기 위한 1단계 모형은 '성별'을 이용한 모형이다. 이는 본질적으로 이표본 t-검정(또는 독립표본 t-검정)의 결과와 같다. 하지만 여기서는 이를 선형모형의 형태로 나타낸 것으로 일원 분석모형과 같다고 보면 된다. '성별'의 유의성을 나타내는 유의확률을 보면 .009로 .05보다 작게 나타났기 때문에 '평화'를 설명하기 위한 변수로서 적절하다는 것을 의미한다. 이는 '성별'에 따라서 '평화'의 차이가 있다는 것을 나타낸다. 남성을 나타내는 더미변수 G1에 대한 회귀계수의 값이 −0.079로 음수인 것은 여자(G=0)에 비해서 남자(G=1)의 '평화' 점수가 0.079점 낮다는 것을 의미한다. 또한 1단계 모형의 설명력은 0.35%로 '평화' 변동의 0.35%만을 설명하고 있는 것으로 나타났다.

```
> hr.out2 = update(hr.out1, .~. + BF + BM)
> summary(hr.out2)

Call:
lm(formula = Peace ~ G + BF + BM)

Residuals:
     Min       1Q   Median       3Q      Max 
-1.98330 -0.38891  0.05522  0.39223  2.03562 

Coefficients:
            Estimate Std. Error t value  Pr(>|t|)    
(Intercept)  2.42530    0.06349  38.199  < 2e-16 ***
G1          -0.11550    0.02792  -4.137 3.67e-05 ***
BF           0.20657    0.02400   8.608  < 2e-16 ***
BM           0.17849    0.02293   7.784 1.14e-14 ***
---
Signif. codes:  0 '***' 0.001 '**' 0.01 '*' 0.05 '.' 0.1 ' ' 1

Residual standard error: 0.6008 on 1921 degrees of freedom
Multiple R-squared:  0.1653,    Adjusted R-squared:  0.164 
F-statistic: 126.8 on 3 and 1921 DF,  p-value: < 2.2e-16
```

종속변수 '평화'를 설명하기 위한 2단계 모형은 '성별'을 이용한 1단계 모형에 '건강한 몸의 느낌(BF)'과 '건강한 자기관리(BM)' 변수를 추가적으로 투입한 모형이다. 분석결과 '성별', '건강한 몸의 느낌', '건강한 자기관리'의 유의성을 나타내는 유의확률 모두 .001보다 작게 나타났으며, 이는 모든 설명변수가 '평화'를 설명하기 위한 변수로서 적절하다는 것을 의미한다. 또한 2단계 모형의 설명력은 16.53%로 '평화' 변동의 16.53%를 설명하고 있으며, '건강한 몸의 느낌'과 '건강한 자기관리' 변수에 의해서 1단계 모형보다 설명력이 16.18% 증가한 것을 의미한다.

```
> hr.out3 = update(hr.out2, .~. + Happiness)
> summary(hr.out3)

Call:
lm(formula = Peace ~ G + BF + BM + Happiness)

Residuals:
    Min       1Q   Median       3Q      Max
-1.7457  -0.3422   0.0370   0.3295   1.7371

Coefficients:
             Estimate Std. Error t value  Pr(>|t|)
(Intercept)   1.70196    0.06567  25.915  < 2e-16 ***
G1           -0.06857    0.02507  -2.736  0.00628 **
BF            0.05475    0.02255   2.428  0.01529 *
BM            0.05020    0.02133   2.353  0.01870 *
Happiness     0.44188    0.02015  21.932  < 2e-16 ***
---
Signif. codes:  0 '***' 0.001 '**' 0.01 '*' 0.05 '.' 0.1 ' ' 1

Residual standard error: 0.5374 on 1920 degrees of freedom
Multiple R-squared:  0.3325,    Adjusted R-squared:  0.3311
F-statistic: 239.1 on 4 and 1920 DF,  p-value: < 2.2e-16
```

종속변수 '평화'를 설명하기 위한 3단계 모형은 '성별(G)', '건강한 몸의 느낌(BF)', '건강한 자기관리(BM)'를 이용한 2단계 모형에 '행복(Happiness)' 변수를 추가적으로 투입한 모형이다. 분석결과 '성별', '건강한 몸의 느낌', '건강한 자기관리', '행복'의 유의성을 나타내는 유의확률 모두 .05보다 작게 나타났다. 또한 3단계 모형의 설명력은 33.25%로 '평화' 변동의 33.25%를 설명하고 있으며, '행복'이 추가됨으로써 2단계 모형보다 설명력이 16.72% 증가하였다는 것을 의미한다.

위계적 회귀분석의 결과를 정리하면 <표 3-4>와 같다. 3단계의 결과를 살펴보면 '성별', '건강한 몸의 느낌', '건강한 자기관리', '행복'이 '평화'에 영향을 미치는 회귀계수는 각각 -0.069, 0.055, 0.050, 0.442로 나타났다. 이는 여자(성별=0)에 비하여 남자(성별

=1)의 '평화' 점수는 낮게 나타나고 있으며, '성별'과 '건강한 자기관리'의 효과를 고정시킨 후(그 영향을 제거한 후) '행복'이 1점 증가함에 따라서 '평화'는 0.442점 증가된다는 것을 의미한다. 이는 '성별'과 '행복'의 효과를 고정시킨 후(그 영향을 제거한 후) '건강한 자기관리(BM)'가 1점 증가할 때 '평화'는 0.050점 증가되고, '건강한 몸의 느낌(BF)'이 1점 증가할 때 '평화'는 0.055점 증가되는 것과 비교할 때 '행복'이 '건강한 몸의 느낌'과 '건강한 자기관리'보다 '평화'에 더 큰 영향을 미치고 있다는 것을 의미한다.

**〈표 3-4〉 평화에 대한 위계적 회귀분석 결과: 회귀계수(B)**

| 모형 | | 1단계 | 2단계 | 3단계 |
|---|---|---|---|---|
| 설명변수 | 성별 | -.079*** | -.116*** | -.069*** |
| | 건강한 몸의 느낌 | | .207*** | .055* |
| | 건강한 자기관리 | | .178*** | .050* |
| | 행복 | | | .442*** |
| 설명력($R^2$) | | .0035 | .1653 | .3325 |
| 추가설명력($\Delta R^2$) | | .0035 | .1618 | .1672 |
| 유의확률 | | .009 | .000 | .000 |
| F-값 | | 6.757 | 126.8 | 239.1 |
| 자유도 | | (1, 1923) | (3, 1921) | (4, 1920) |

주) *: p<.01, **: p<.05, ***: p<.001

**■ 주요 개념**

- 위계적 회귀분석(hierarchical regression analysis)
- 인구통계적 변인(socio-demographic variable)
- SES(socio-economic status) 변수

- base 패키지
  - `attach`
  - `summary`
- stats 패키지
  - `lm`
  - `update`

# 07 최적모형 탐색을 위한 방법

이상적인 연구는 연구주제와 관련된 문헌연구를 토대로 연구모형과 연구가설을 작성한 다음, 연구설계를 통하여 데이터를 수집하고, 연구가설을 검증하기 위한 통계분석을 시행하여, 그 분석결과를 해석하고 논의하는 것이다. 이러한 과정은 비교적 실험 또는 조사 과정에서 연구결과에 지대한 영향을 미칠 수 있는 변수 또는 환경을 통제할 수 있는 자연과학, 의과학, 공학 분야에서 일반적으로 쉽게 적용될 수 있다. 하지만 엄격한 환경 통제가 쉽지 않은 일반적인 사회과학의 많은 연구를 수행하는 경우 수집된 데이터를 토대로 확인적 관점의 통계분석을 시행하여도 통계적으로 유의한 결과가 나타나지 않는 경우도 있다. 이 경우 탐색적 통계분석을 시행하고 그 결과를 설명하기 위한 연구가설을 세우는 것이 현실적이고 일반적이다.

실증분석 기반 과학 논문의 경우, 탐색적인 방법으로 최적의 통계모형을 찾는 방법은 실로 무궁무진하지만 일반적으로 세 가지 관점(조절효과 분석의 관점, 위계적 회귀분석의 관점, 설명력 기반 모형탐색의 관점)에서 접근할 수 있다고 본다.

조절효과(moderating effect) 분석의 관점에 바탕을 둔 모형분석은 독립변수와 종속변수가 미리 설정되고 제3의 변수가 그 관계에 어떠한 영향을 미치는지를 살펴보는 것이기 때문에 1단계로 독립변수를 설명변수로 투입하고, 2단계에서 제3의 변수와 상호작용 항을 투입하는 방법이다.

위계적 회귀분석(hierarchical regression analysis)의 관점에 바탕을 둔 모형분석은 변할 수 없는 SES 변수와 종속변수의 관계를 살펴보고, 그다음 단계에서 쉽게 변하지 않는 형태의 특성(trait) 변수, 쉽게 변할 수 있는 형태의 상태(state) 변수를 단계적으로 투입하면서 그 변화 과정을 살펴보는 방법이다.

설명력 기반 모형탐색은 종속변수의 변동(전체제곱합)을 설명하는 설명력의 크기가 큰 변수부터 설명변수에 투입하는 방법이다. 여기서 설명력이란 모형의 설명력을 나타내는 용어로 결정계수(coefficient of determination)인 $R^2$을 말한다. <표 3-5>는 최적모형 탐색을 위한 세 가지 관점을 비교한 것이다.

**〈표 3-5〉 최적모형 탐색을 위한 세 가지 관점**

<table>
<tr><th>단계</th><th>조절효과 분석의 관점</th><th>위계적 회귀분석의 관점</th><th>설명력 기반 모형탐색의 관점</th></tr>
<tr><td>1단계</td><td>독립변수</td><td>SES 변수</td><td rowspan="4">설명력이 가장 큰 변수부터 투입</td></tr>
<tr><td>2단계</td><td>SES 변수</td><td>Trait 변수</td></tr>
<tr><td>3단계</td><td rowspan="2">상호작용</td><td>State 변수</td></tr>
<tr><td>4단계</td><td>상호작용</td></tr>
</table>

조절효과 분석의 관점과 위계적 회귀분석의 관점은 앞의 예제에서 다루어 보았다. 여기서는 설명변수로 성별(Gender), 교육정도(EDU), 건강한 몸의 느낌(BF), 건강한 자기관리(BM), 행복(Happiness), 그리고 이들 간의 상호작용(interaction)을 상정하고 종속변수인 평화(Peace)를 설명력의 관점에서 최적인 모형을 찾는 방법을 살펴보자. 최적모형을 찾는 방법은 여러 가지가 있으며, 그 최적모형 또한 여러 개일 수도 있다.

**연구문제 11**

설명변수로 성별(Gender), 교육정도(EDU), 건강한 몸의 느낌(BF), 건강한 자기관리(BM), 행복(Happiness) 그리고 이들 간의 상호작용(interaction)을 상정한 후, 종속변수인 평화(Peace)에 설명력의 관점에서 최적인 모형은 무엇인지 알아보라.

통계적인 관점에서 최적모형의 조건은 1) 종속변수에 대한 설명력이 높은 모형, 2) 현실적인 해석이 용이한 모형, 3) 간결한(parsimonious) 모형, 4) 선형 회귀모형에서 가정하고 있는 오차의 독립성, 등분산성, 정규성을 만족하는 모형, 5) 독립변수(설명변수) 간의 독립성을 심각하게 훼손하지 않는 모형으로 볼 수 있다.

[연구문제 11]은 독립변수(설명변수)와 독립변수 간의 상호작용을 토대로 종속변수인 '평화'를 최적으로 설명하는 모형을 찾는 과정이다. 독립변수 중 '성별'과 '교육정도'는 그 값의 크기가 중요하지 않고 그 값이 나타내는 집단의 특성을 나타내는 변수이다. 따라서 '성별(Gender)'과 '교육정도(EDU)'를 요인(factor)으로 지정하여 범주형(categorical) 변수로 간주하여 분석하여야 한다. '건강한 몸의 느낌(BF)', '건강한 자기관리(BM)', '행복(Happiness)'은 Likert 5-점 척도로 계산되었기 때문에 연속형(continuous) 변수로 간주하여서 분석한다.

종속변수를 최적으로 설명하는 독립변수와 독립변수 간의 상호작용을 고려한 통계모형을 찾기 위해서는, 일단 독립변수들 중 종속변수를 설명하는 설명력이 통계적으로 유의한 변수를 선택하는 것이 타당하다. 이러한 과정을 거쳐서 선택된 독립변수들 중 종속변수에 대한 설명력이 큰 순서로 모형에 입력하고, 그런 다음 통계적으로 유의한 독립변수들 간의 상호작용을 고려하는 것이 효과적이다. 이때 상호작용은 그 상호작용에 포함된 설명변수들이 이미 모형 속에 포함되어 있다는 것을 전제로 추가적인 설명력을 구하는 것이 적절하다.

```
> ms.out1 = lm(Peace ~ factor(EDU) + factor(Gender) + Happiness + BF + BM, data=data1)
> anova(ms.out1)
Analysis of Variance Table

Response: Peace
                  Df Sum Sq Mean Sq  F value    Pr(>F)
factor(EDU)        3  12.37   4.124  14.4238 2.712e-09 ***
factor(Gender)     1   2.33   2.328   8.1414  0.004373 **
Happiness          1 261.84 261.839 915.7026 < 2.2e-16 ***
BF                 1   4.64   4.643  16.2368 5.808e-05 ***
BM                 1   1.35   1.345   4.7047  0.030204 *
Residuals       1917 548.15   0.286
---
Signif. codes:  0 '***' 0.001 '**' 0.01 '*' 0.05 '.' 0.1 ' ' 1
```

출력결과를 살펴보면, '성별'과 '교육정도'는 연속형 변수가 아닌 집단변수를 나타내는 요인(factor)으로, 범주형 변수라는 것을 factor(Gender)와 factor(EDU) 형태로 표현하였다. 다중선형 회귀모형에 대한 분석결과를 나나내는 방법은 summary() 함수를 이용하는 방법과 anova() 함수를 이용하는 방법이 있는데, summary() 함수는 추정된 회귀계수를 출력하여 주고, anova() 함수는 제1제곱합 형태의 분산분석표를 출력한다. 변수선택을 위한 독립변수의 설명력을 구하기 위해서는 제곱합을 출력하는 anova() 함수를 사용하는 것이 현명하다고 본다.

'평화'에 대한 설명력의 크기는 Happiness (261.84), factor(EDU) (12.37), BF (4.64), factor(Gender) (3.33), BM (1.35)로 나타났다. 따라서 이러한 순서로 독립변수를 모형에 투입할 필요가 있다.

```
> ms.out2 = lm(Peace ~ Happiness + factor(EDU) + BF + factor(Gender) + BM,
data=data1)
> anova(ms.out2)
Analysis of Variance Table

Response: Peace
                 Df Sum Sq Mean Sq  F value    Pr(>F)
Happiness         1 273.48 273.479 892.3034 < 2.2e-16 ***
factor(EDU)       3   8.05   2.682   8.7518 9.151e-06 ***
BF                1   3.90   3.896  12.7124  0.000372 ***
factor(Gender)    1   2.28   2.278   7.4335  0.006460 **
BM                1   2.33   2.333   7.6132  0.005849 **
Residuals      1938 593.97   0.306
---
Signif. codes:  0 '***' 0.001 '**' 0.01 '*' 0.05 '.' 0.1 ' ' 1
```

'평화'에 대한 설명력의 크기는 Happiness, factor(EDU), BF, factor(Gender), BM 순서로 나타난 것을 확인할 수 있다. 이제 다음 단계는 이들 독립변수의 투입 순서는 유지한 상태에서 독립변수들 간의 상호작용을 모형 속에 넣고서 유의하지 않은 상호작용은 제거하는 것이다. 상호작용은 2개 이상의 독립변수 간의 상호작용을 나타내지만 특별한 이유가 없는 한 두 독립변수 간의 상호작용을 고려하는 것이 일반적이다.

```
> ms.out3 = lm(Peace ~ (Happiness + factor(EDU) + BF + factor(Gender) + BM)^2,
data=data1)
> anova(ms.out3)
Analysis of Variance Table

Response: Peace
                              Df Sum Sq Mean Sq  F value    Pr(>F)
Happiness                      1 273.48 273.479 918.1391 < 2.2e-16 ***
factor(EDU)                    3   8.05   2.682   9.0052 6.378e-06 ***
BF                             1   3.90   3.896  13.0805 0.0003061 ***
factor(Gender)                 1   2.28   2.278   7.6487 0.0057357 **
BM                             1   2.33   2.333   7.8336 0.0051796 **
Happiness:factor(EDU)          3   2.92   0.973   3.2667 0.0205535 *
Happiness:BF                   1   8.25   8.246  27.6850 1.587e-07 ***
Happiness:factor(Gender)       1   4.93   4.931  16.5544 4.919e-05 ***
Happiness:BM                   1   0.71   0.710   2.3842 0.1227331
factor(EDU):BF                 3   0.36   0.118   0.3973 0.7549404
factor(EDU):factor(Gender)     3   0.87   0.291   0.9778 0.4022215
factor(EDU):BM                 3   1.46   0.487   1.6365 0.1789139
BF:factor(Gender)              1   1.65   1.653   5.5483 0.0185988 *
BF:BM                          1   0.44   0.437   1.4677 0.2258630
factor(Gender):BM              1   0.49   0.488   1.6381 0.2007471
Residuals                   1920 571.90   0.298
---
Signif. codes:  0 '***' 0.001 '**' 0.01 '*' 0.05 '.' 0.1 ' ' 1
```

출력결과를 살펴보면, factor(EDU):BF에 대응되는 유의확률이 .75로 가장 크다. 따라서 이 상호작용 항을 모형에서 제거할 필요가 있다.

```
> ms.out4 = update(ms.out3, .~. - factor(EDU):BF)
> anova(ms.out4)
Analysis of Variance Table

Response: Peace
                            Df Sum Sq Mean Sq  F value    Pr(>F)
Happiness                    1 273.48 273.479 918.4739 < 2.2e-16 ***
factor(EDU)                  3   8.05   2.682   9.0085 6.347e-06 ***
BF                           1   3.90   3.896  13.0853 0.0003053 ***
factor(Gender)               1   2.28   2.278   7.6515 0.0057268 **
BM                           1   2.33   2.333   7.8365 0.0051714 **
Happiness:factor(EDU)        3   2.92   0.973   3.2679 0.0205197 *
Happiness:BF                 1   8.25   8.246  27.6951 1.579e-07 ***
Happiness:factor(Gender)     1   4.93   4.931  16.5605 4.903e-05 ***
Happiness:BM                 1   0.71   0.710   2.3851 0.1226647
factor(EDU):factor(Gender)   3   0.95   0.318   1.0673 0.3617913
factor(EDU):BM               3   1.09   0.363   1.2204 0.3007701
BF:factor(Gender)            1   1.47   1.466   4.9222 0.0266308 *
BF:BM                        1   0.57   0.567   1.9029 0.1679155
factor(Gender):BM            1   0.51   0.508   1.7077 0.1914392
Residuals                 1923 572.58   0.298
---
Signif. codes:  0 '***' 0.001 '**' 0.01 '*' 0.05 '.' 0.1 ' ' 1
```

출력결과를 살펴보면, factor(EDU):factor(Gender)에 대응되는 유의확률이 .36으로 가장 크다. 따라서 이 상호작용 항을 모형에서 제거할 필요가 있다.

```
> ms.out5 = update(ms.out4, .~. - factor(EDU):factor(Gender))
> anova(ms.out5)
Analysis of Variance Table

Response: Peace
                            Df Sum Sq Mean Sq  F value    Pr(>F)
Happiness                    1 273.48 273.479 918.5630 < 2.2e-16 ***
factor(EDU)                  3   8.05   2.682   9.0094 6.338e-06 ***
BF                           1   3.90   3.896  13.0866 0.0003051 ***
factor(Gender)               1   2.28   2.278   7.6522 0.0057244 **
BM                           1   2.33   2.333   7.8372 0.0051692 **
Happiness:factor(EDU)        3   2.92   0.973   3.2682 0.0205106 *
Happiness:BF                 1   8.25   8.246  27.6978 1.576e-07 ***
Happiness:factor(Gender)     1   4.93   4.931  16.5621 4.898e-05 ***
Happiness:BM                 1   0.71   0.710   2.3853 0.1226463
factor(EDU):BM               3   1.02   0.339   1.1376 0.3325533
BF:factor(Gender)            1   1.55   1.550   5.2069 0.0226062 *
BF:BM                        1   0.51   0.506   1.6989 0.1925924
factor(Gender):BM            1   0.67   0.674   2.2654 0.1324567
Residuals                 1926 573.42   0.298
---
Signif. codes:  0 '***' 0.001 '**' 0.01 '*' 0.05 '.' 0.1 ' ' 1
```

출력결과를 살펴보면 factor(EDU):BM에 대응되는 유의확률이 .33으로 가장 크다. 따라서 이 상호작용 항을 모형에서 제거할 필요가 있다.

```
> ms.out6 = update(ms.out5, .~. - factor(EDU):BM)
> anova(ms.out6)
Analysis of Variance Table

Response: Peace
                          Df Sum Sq Mean Sq  F value     Pr(>F)
Happiness                  1 273.48 273.479 918.7582  < 2.2e-16 ***
factor(EDU)                3   8.05   2.682   9.0113  6.320e-06 ***
BF                         1   3.90   3.896  13.0893  0.0003046 ***
factor(Gender)             1   2.28   2.278   7.6539  0.0057192 **
BM                         1   2.33   2.333   7.8389  0.0051644 **
Happiness:factor(EDU)      3   2.92   0.973   3.2689  0.0204908 *
Happiness:BF               1   8.25   8.246  27.7037  1.571e-07 ***
Happiness:factor(Gender)   1   4.93   4.931  16.5656  4.889e-05 ***
Happiness:BM               1   0.71   0.710   2.3858  0.1226063
BF:factor(Gender)          1   1.72   1.717   5.7670  0.0164241 *
BF:BM                      1   0.48   0.483   1.6218  0.2030012
factor(Gender):BM          1   0.78   0.776   2.6068  0.1065671
Residuals               1929 574.19   0.298
---
Signif. codes:  0 '***' 0.001 '**' 0.01 '*' 0.05 '.' 0.1 ' ' 1
```

출력결과를 살펴보면, BF:BM에 대응되는 유의확률이 .20으로 가장 크다. 따라서 이 상호작용 항을 모형에서 제거할 필요가 있다.

```
> ms.out7 = update(ms.out6, .~. - BF:BM)
> anova(ms.out7)
Analysis of Variance Table

Response: Peace
                             Df Sum Sq Mean Sq  F value    Pr(>F)    
Happiness                     1 273.48 273.479 918.6302 < 2.2e-16 ***
factor(EDU)                   3   8.05   2.682   9.0100 6.331e-06 ***
BF                            1   3.90   3.896  13.0875 0.0003049 ***
factor(Gender)                1   2.28   2.278   7.6528 0.0057225 ** 
BM                            1   2.33   2.333   7.8378 0.0051674 ** 
Happiness:factor(EDU)         3   2.92   0.973   3.2684 0.0205034 *  
Happiness:BF                  1   8.25   8.246  27.6998 1.574e-07 ***
Happiness:factor(Gender)      1   4.93   4.931  16.5633 4.895e-05 ***
Happiness:BM                  1   0.71   0.710   2.3855 0.1226323    
BF:factor(Gender)             1   1.72   1.717   5.7662 0.0164315 *  
factor(Gender):BM             1   0.88   0.881   2.9594 0.0855402 .  
Residuals                  1930 574.57   0.298                       
---
Signif. codes:  0 '***' 0.001 '**' 0.01 '*' 0.05 '.' 0.1 ' ' 1
```

출력결과를 살펴보면, factor(Gender):BM에 대응되는 유의확률이 .086으로 가장 크다. 따라서 이 상호작용 항을 모형에서 제거할 필요가 있다.

```
> ms.out8 = update(ms.out7, .~. - factor(Gender):BM)
> anova(ms.out8)
Analysis of Variance Table

Response: Peace
                           Df Sum Sq Mean Sq  F value    Pr(>F)
Happiness                   1 273.48 273.479 917.6990 < 2.2e-16 ***
factor(EDU)                 3   8.05   2.682   9.0009 6.414e-06 ***
BF                          1   3.90   3.896  13.0742 0.0003071 ***
factor(Gender)              1   2.28   2.278   7.6450 0.0057470 **
BM                          1   2.33   2.333   7.8298 0.0051901 **
Happiness:factor(EDU)       3   2.92   0.973   3.2651 0.0205962 *
Happiness:BF                1   8.25   8.246  27.6717 1.597e-07 ***
Happiness:factor(Gender)    1   4.93   4.931  16.5465 4.938e-05 ***
Happiness:BM                1   0.71   0.710   2.3830 0.1228218
BF:factor(Gender)           1   1.72   1.717   5.7603 0.0164860 *
Residuals                1931 575.45   0.298
---
Signif. codes:  0 '***' 0.001 '**' 0.01 '*' 0.05 '.' 0.1 ' ' 1
```

출력결과를 살펴보면, Happiness:BM에 대응되는 유의확률이 .123으로 가장 크다. 따라서 이 상호작용 항을 모형에서 제거할 필요가 있다.

```
> ms.out9 = update(ms.out8, .~. - Happiness:BM)
> anova(ms.out9)
Analysis of Variance Table

Response: Peace
                              Df Sum Sq Mean Sq  F value     Pr(>F)    
Happiness                      1 273.48 273.479 917.0367  < 2.2e-16 ***
factor(EDU)                    3   8.05   2.682   8.9944  6.473e-06 ***
BF                             1   3.90   3.896  13.0648  0.0003086 ***
factor(Gender)                 1   2.28   2.278   7.6395  0.0057645 ** 
BM                             1   2.33   2.333   7.8242  0.0052062 ** 
Happiness:factor(EDU)          3   2.92   0.973   3.2628  0.0206624 *  
Happiness:BF                   1   8.25   8.246  27.6518  1.613e-07 ***
Happiness:factor(Gender)       1   4.93   4.931  16.5346  4.969e-05 ***
BF:factor(Gender)              1   1.71   1.713   5.7440  0.0166400 *  
Residuals                   1932 576.16   0.298                        
---
Signif. codes:  0 '***' 0.001 '**' 0.01 '*' 0.05 '.' 0.1 ' ' 1
```

출력결과를 살펴보면, 모든 항에 대한 유의확률이 유의수준 .05보다 작게 나타나서 평화를 설명하기 위하여 통계적으로 유의한 변수인 것으로 나타났다. 이 모형에 대한 추정된 회귀직선을 구할 필요가 있다.

```
> summary(ms.out9)

Call:
lm(formula = Peace ~ Happiness + factor(EDU) + BF + factor(Gender) + BM +
Happiness:factor(EDU) + Happiness:BF + Happiness:factor(Gender) +
BF:factor(Gender), data = data1)

Residuals:
     Min        1Q    Median        3Q       Max
-2.46763 -0.33818  0.02882  0.31332  2.75613

Coefficients:
                              Estimate Std. Error t value Pr(>|t|)
(Intercept)                    1.51364    0.27086   5.588 2.62e-08 ***
Happiness                      0.57205    0.07506   7.622 3.90e-14 ***
factor(EDU)(2)                -0.66476    0.22458  -2.960  0.00311 **
factor(EDU)(3)                -0.58265    0.20467  -2.847  0.00446 **
factor(EDU)(4)                -0.56441    0.26388  -2.139  0.03257 *
BF                             0.35120    0.07311   4.804 1.68e-06 ***
factor(Gender)(1)             -0.67043    0.13080  -5.126 3.26e-07 ***
BM                             0.06389    0.02149   2.973  0.00299 **
Happiness:factor(EDU)(2)       0.14899    0.06196   2.405  0.01628 *
Happiness:factor(EDU)(3)       0.12407    0.05591   2.219  0.02659 *
Happiness:factor(EDU)(4)       0.16093    0.07138   2.255  0.02427 *
Happiness:BF                  -0.09972    0.01887  -5.284 1.40e-07 ***
Happiness:factor(Gender)(1)    0.08528    0.03992   2.136  0.03278 *
BF:factor(Gender)(1)           0.09391    0.03918   2.397  0.01664 *
---
Signif. codes:  0 '***' 0.001 '**' 0.01 '*' 0.05 '.' 0.1 ' ' 1

s: 0.5461 on 1932 degrees of freedom
Multiple R-squared: 0.3482,
Adjusted R-squared: 0.3439
F-statistic: 79.41 on 13 and 1932 DF,  p-value: < 2.2e-16
```

출력결과를 살펴보면, Estimate 열에 계산된 회귀계수를 이용하여 추정된 회귀직선을 작성할 수 있다. 이 모형을 최종적으로 확정하기 전에 잔차에 대한 정규성(normality) 검정 및 다중공선성(multi-collinearity) 분석을 할 수 있다.

```
> shapiro.test(ms.out9$residuals)

        Shapiro-Wilk normality test

data:  ms.out9$residuals
W = 0.99202, p-value = 8.071e-09
```

잔차에 대한 정규성 검정 결과 유의확률이 일반적이 유의수준 .05보다 매우 작게 나타났다. 따라서 정규성을 만족하지 못한다. 논문에서는 이에 대한 한계를 명확히 제시하여야 한다.

```
> library(car)
> vif(ms.out9)
                                  GVIF Df GVIF^(1/(2*Df))
Happiness                    21.225874  1        4.607155
factor(EDU)               14588.397745  3        4.943121
BF                           20.171896  1        4.491313
factor(Gender)               27.025998  1        5.198653
BM                            1.859999  1        1.363818
Happiness:factor(EDU)     18800.436286  3        5.156575
Happiness:BF                 44.758019  1        6.690143
Happiness:factor(Gender)     33.756257  1        5.810014
BF:factor(Gender)            27.917455  1        5.283697
```

설명변수 간의 상관성을 판단하기 위한 독립변수가 집단변수와 연속형 변수들로 구성되어 있을 경우의 다중공선성 지표인 GVIF^(1/(2*Df)) 열의 값들을 살펴본다.[2] 이 값은 독립변수들이 연속형 변수들로만 구성되어 있을 경우의 다중공선성 지표인 VIF의 제곱근에 대응되는 값으로, 3 이상일 경우 다중공선성의 위험이 있는 것으로 판단한다. 출력결과를 살펴보면 BM 변수를 제외하고 모두 3 이상이기 때문에 설명변수들이 서로

2 Fox, J. and Weisberg, S. (2011). *An R Companion to Applied Regression*. 2nd ed. SAGE Publications, Inc. p 325.

독립적이라고 가정하는 선형모형의 가정을 크게 훼손시키고 있는 것을 볼 수 있다. 따라서 위 모형을 최종모형으로 선택할 경우 해석에 신중을 기할 필요가 있다.

앞에서 설명한 방법은 독립변수(설명변수)들 중 통계적으로 유의한 변수를 설명력의 기여도 순서로 선택한 후, 그들 변수들의 상호작용을 포함한 모형으로부터 통계적으로 유의하지 않은 항을 제거하는 방법으로 최적모형을 탐색하는 방법이다. 이러한 방법은 연구자의 분석적인 노고와 경험을 요구하기 때문에 소모적일 수 있다. 좀 더 간단한 방법은 변수선택기법을 적용하는 것이다. 변수선택기법은 step() 함수 또는 **mixlm** 패키지의 stepWiseBack() 함수를 사용할 수 있다.

```
> library(mixlm)
> ms.out10 = stepWiseBack(ms.out3, alpha.enter=0.05, alpha.remove=0.05)
                                    (결과 생략)
> anova(ms.out10)
Analysis of Variance Table

Response: Peace
                           Df  Sum Sq Mean Sq  F value      Pr(>F)
Happiness                   1  273.48 273.479 915.7281   < 2.2e-16 ***
factor(EDU)                 3    8.05   2.682   8.9816   6.592e-06 ***
BF                          1    3.90   3.896  13.0462   0.0003117 ***
factor(Gender)              1    2.28   2.278   7.6286   0.0057993 **
BM                          1    2.33   2.333   7.8130   0.0052383 **
Happiness:BF                1    7.94   7.943  26.5967   2.763e-07 ***
Happiness:factor(Gender)    1    6.04   6.042  20.2300   7.274e-06 ***
factor(Gender):BM           1    2.11   2.105   7.0496   0.0079933 **
Residuals                1935  577.88   0.299
---
Signif. codes:  0 '***' 0.001 '**' 0.01 '*' 0.05 '.' 0.1 ' ' 1
```

출력결과를 살펴보면, 변수선택기법으로 선택한 모형과 앞에서 구한 모형이 다른 것을 알 수 있다. 이와 같이 탐색적인 방법으로 모형을 선택할 경우 그 가능한 방법은 다양한 것이 현실이다.

■ **주요 개념**

- 연구주제
- 연구가설
- 조절효과(moderating effect)
- 위계적 회귀분석(hierarchical regression analysis)
- 특성(trait) 변수
- 상태(state) 변수
- 결정계수(coefficient of determination)
- 범주형(categorical) 변수
- 연속형(continuous) 변수
- 제1제곱합
- 정규성(normality) 검정
- 다중공선성(multi-collinearity)

- base 패키지
  - `rm`
  - `factor`
  - `summary`
- stats 패키지
  - `lm`
  - `anova`
  - `update`
  - `shapiro.test`
  - `step`
- car 패키지
  - `vif`
- mixlm 패키지
  - `stepWiseBack`

# 08 동질성 검정과 독립성 검정

데이터의 종류가 성별, 거주지, 결혼형태와 같이 집단의 속성을 나타내는 범주형(categorical) 변수 형태인 경우, 그 범주 간에 연관 관계가 있는지 여부를 검증할 필요가 있다. 예를 들어, 성별에 따른 학력의 분포도가 동일한지 여부, 실험집단과 통제집단의 성별 구성이 동일한지 여부 등을 검증할 필요가 있다. 이러한 검증을 위하여 사용되는 방법이 동질성 검정과 독립성 검정이다. 독립성 검정 또는 동질성 검정을 위해서는 <표 3-6>과 같은 분할표(contingency table)가 필요하다.

**〈표 3-6〉 동질성 검정을 위한 분할표**

| | $C_1$ | $C_1$ | ··· | $C_J$ | 합계 |
|---|---|---|---|---|---|
| $R_1$ | $n_{11}$ | $n_{12}$ | ··· | $n_{1J}$ | $n_{1+}$ |
| $R_2$ | $n_{21}$ | $n_{22}$ | ··· | $n_{2J}$ | $n_{2+}$ |
| ··· | ··· | ··· | ··· | ··· | ··· |
| $R_I$ | $n_{I1}$ | $n_{I2}$ | ··· | $n_{IJ}$ | $n_{I+}$ |
| 합계 | $n_{+1}$ | $n_{+2}$ | ··· | $n_{+J}$ | $n_{++}$ |

분할표를 작성하기 위해서는 두 가지의 범주형(categorical) 변수가 필요하며, 이 중 하나를 행(row) 변수로 놓고 다른 하나를 열(column) 변수로 설정한다. 예를 들어, 성별에 따른 학력분포도가 동일한지 여부를 검증할 경우 성별을 행 변수로 설정하고, 학력을 열 변수로 설정한다.

독립성 검정과 동질성 검정의 일반적인 차이는 표본을 구하는 방법에 따라서 결정이 된다. 일반적으로 연구를 진행하기 위해서 전체 표본의 크기($n_{++} \equiv n$)가 정해진 다음 확률 표본추출 방법으로 데이터가 수집되었을 경우에는 독립성 검정(test of independence)이라고 부르며, 전체 표본의 크기보다는 행 변수(또는 열 변수)의 크기를 정한 다음, 각 행 변수(또는 열 변수)의 각 수준에 해당되는 모집단으로부터 확률표본추출이 진행되었을 경우에는 동질성 검정(test of homogeneity)이라고 부른다. 예를 들어, 전체 표본 1,000명을 확률표본추출 방법을 통하여 조사를 진행하였다면 성별과 학력의 독립성 검정이 되고, 남자 510명, 여자 490명을 미리 정한 후에 각 성별에서 확률표본추출 방법으로 조사를 진행하였다면 성별에 따른 학력분포도의 동질성 검정이 된다. 독립성 검정에서 귀무가설이 의미하는 바는 성별과 학력은 서로 독립적인 관계로, 성별에 따라서 학력의 분포도가 다르게 나타나지 않는다는 의미이다. 동질성 검정에서 귀무가설이 의미하는 바는 남자의 학력분포도와 여자의 학력분포도는 동일하게 나타나는 관계로, 학력의 분포도가 성별에 따라서 다르게 나타나지 않는다는 의미이다. 따라서 독립성 검정과 동질성 검정은 표본추출 방법에 따른 귀무가설의 용어 차이이지 실질적인 해석의 차이는 없다고 볼 수 있다.

동질성 검정을 위한 검정통계량은 카이제곱($\chi^2$) 통계량으로 자유도가 (I-1)(J-1)인 카이제곱(chi-square) 분포를 따른다.

## 1 동질성 검정과 독립성 검정의 활용

조사연구에서 동질성(homogeneity) 검정 또는 독립성(independence) 검정을 사용하는 경우는, 모집단으로부터 표본이 편중되지 않고 골고루 추출되었다는 것을 입증하기 위한 방법으로 사용되는 경우가 많으며, 실험연구에서는 실험집단, 비교집단, 통제집단을 구성하고 있는 연구대상의 인구통계적 특성이 차이가 없다는 것을 입증하여, 공정한 비교가 진행되고 있다는 주장을 하기 위한 목적으로 사용되는 경우가 많다.

실험연구 데이터인 Data2의 경우 각 집단별로 30명씩 추출하여 조사를 진행하였기 때문에 귀무가설은 집단별 유아의 연령 분포가 동질하다는 것이다. 실험1집단, 실험2집단, 통제집단의 유아들의 연령 분포가 동질적인가를 살펴보기로 한다.

### 1) 분할표를 이용한 동질성 검정

**연구문제 12**

실험1집단, 실험2집단, 통제집단이 유아의 연령적인 측면에서 동질적인가?

**[연구문제 해결을 위한 통계분석 설명]**

실험1집단, 실험2집단, 통제집단이 유아의 연령적인 측면에서 동질적이라는 주장을 할 경우 프로그램 비교를 위한 변수 “Group”과 연령에 의한 집단변수 “AgeGroup”은 집단을 나타내는 범주형(categorical) 데이터이기 때문에 분할표(contingency table)를 이용한 카이제곱검정을 할 수 있다.

```
> rm(list=ls(all=TRUE))
> Data2 = read.delim("c:\\Data\\Data2.txt")
> M = xtabs(~ Group + AgeGroup, data=Data2)
> M
       AgeGroup
Group    Age High Age Low
  실험1        19      11
  실험2        20      10
  통제         13      17
```

출력결과를 살펴보면, 동질성 검정을 위한 분할표 형태를 얻은 것을 확인할 수 있다.

```
> ht.out1 = chisq.test(M)
> ht.out1

        Pearson's Chi-squared test

data:  M
X-squared = 3.917, df = 2, p-value = 0.1411
```

출력결과를 살펴보면, 카이제곱검정 통계량에 대한 유의확률은 .141로 일반적인 유의수준 .05보다 크다. 따라서 집단별 연령 분포가 동질적이라는 귀무가설을 채택한다. 이는 생후 66개월 이하인 유아와 66개월 초과된 유아의 구성 비율이 실험1집단, 실험2집단, 통제집단 간에 차이가 발견되지 않는다는 것을 의미한다. 이러한 결과는 연구자가 유아의 연령 분포 측면에서 세 집단은 동질적이라는 주장을 할 경우 그 주장의 근거로 이용될 수 있다.

세 집단이 동질적이라는 귀무가설이 기각될 경우에는 동질적이지 않은 현상이 어느 집단에서 어떻게 발생하고 있는지를 파악할 필요가 있다. 이를 위해서 각 셀에 대한 관측치(observed), 기대치(expected), 잔차(residuals), 표준화 잔차(standardized residuals)를 출력할 수 있다.

```
> ht.out1$observed    # observed counts (same as M)
        AgeGroup
Group    Age High Age Low
  실험1        19      11
  실험2        20      10
  통제         13      17
> ht.out1$expected    # expected counts under the null
        AgeGroup
Group    Age High  Age Low
  실험1   17.33333  12.66667
  실험2   17.33333  12.66667
  통제    17.33333  12.66667
> ht.out1$residuals   # Pearson residuals
        AgeGroup
Group       Age High     Age Low
  실험1    0.4003204  -0.4682929
  실험2    0.6405126  -0.7492686
  통제    -1.0408330   1.2175616
> ht.out1$stdres      # standardized residuals
        AgeGroup
Group      Age High    Age Low
  실험1   0.7545409  -0.7545409
  실험2   1.2072655  -1.2072655
  통제   -1.9618064   1.9618064
```

실험1집단, 실험2집단, 통제집단의 연령 분포도를 구체적으로 살펴볼 필요가 있다.

```
> prop.table(ht.out1$observed, 1)
       AgeGroup
Group    Age High   Age Low
  실험1  0.6333333  0.3666667
  실험2  0.6666667  0.3333333
  통제   0.4333333  0.5666667
```

출력결과를 살펴보면, 실험1집단과 실험2집단의 경우 생후 66개월 이하인 유아와 66개월 초과된 유아의 구성 비율이 각각 36.7%, 66.3%인 것으로 나타났지만, 통제집단의 경우 각각 56.7%, 43.3%인 것으로 나타났다. 이는 실험1집단과 실험2집단의 경우 통제집단에 비하여 생후 66개월 이상인 비율이 높게 구성되어 있다는 것을 의미한다.

#### 2) 분산분석을 이용한 동질성 검정

앞의 예에서는 세 집단이 유아의 연령 측면에서 동질적이라는 것을 입증하기 위하여 유아를 연령에 따라서 66개월 이하인 집단과 66개월 초과되는 집단으로 양분하였다. 하지만 유아의 경우 동일한 5~6세라고 하더라도 발달 과정이 하루가 다르게 변하기 때문에 66개월을 기준으로 두 집단으로 나누는 것은 무리가 있을 수 있다. 따라서 실험을 위한 세 집단을 좀 더 공정하게 비교를 하기 위해서는 유아의 연령(개월) Age를 이용하는 것이 타당하다. 이 경우 유아의 연령(개월)을 연속형 변수로 간주할 수가 있기 때문에, 세 집단의 평균의 동일성 검정을 위해서는 분산분석(analysis of variance)을 적용할 수 있다.

```
> ht.out2 = lm(AGE ~ Group, data=Data2)
> anova(ht.out2)
Analysis of Variance Table

Response: AGE
          Df  Sum Sq Mean Sq F value    Pr(>F)
Group      2  631.76 315.878  12.889 1.251e-05 ***
Residuals 87 2132.20  24.508
---
Signif. codes:  0 '***' 0.001 '**' 0.01 '*' 0.05 '.' 0.1 ' ' 1
```

출력결과를 살펴보면, 세 집단(Group)의 평균연령이 동일하다는 귀무가설에 대한 유의확률은 .000으로 귀무가설이 기각된다. 따라서 세 집단의 평균연령이 동일하다고는 볼 수 없다.

```
> summary(ht.out2)

Call:
lm(formula = AGE ~ Group, data = Data2)

Residuals:
     Min       1Q   Median       3Q      Max
-11.8333  -3.7083  -0.3333   4.0417  11.1667

Coefficients:
            Estimate Std. Error t value  Pr(>|t|)
(Intercept)  68.5667     0.9038  75.861  < 2e-16 ***
Group실험2   -0.2333     1.2782  -0.183    0.856
Group통제    -5.7333     1.2782  -4.485 2.21e-05 ***
---
Signif. codes:  0 '***' 0.001 '**' 0.01 '*' 0.05 '.' 0.1 ' ' 1

Residual standard error: 4.951 on 87 degrees of freedom
Multiple R-squared:  0.2286,    Adjusted R-squared:  0.2108
F-statistic: 12.89 on 2 and 87 DF,  p-value: 1.251e-05
```

세 집단(Group)의 평균연령의 차이를 구체적으로 살펴보면, 기준집단인 실험1집단의 평균연령이 68.57 개월이고, 실험2집단은 기준집단인 실험1집단 보다 0.23개월 적지만 통계적으로 유의한 차이는 아니고, 통제집단은 실험1집단보다 연령이 5.73개월 정도 적은 것으로 나타났다. 세 집단 간의 평균의 차이를 좀 더 구체적으로 살펴보기 위해서는 **multcomp** 패키지의 다중비교 기능을 활용할 수 있다.

```
> library(multcomp)
> ht.out3 = glht(ht.out2, linfct=mcp(Group="Tukey"))
> summary(ht.out3)

         Simultaneous Tests for General Linear Hypotheses

Multiple Comparisons of Means: Tukey Contrasts


Fit: lm(formula = AGE ~ Group, data = Data2)

Linear Hypotheses:
                      Estimate Std. Error t value  Pr(>|t|)
실험2 - 실험1 == 0     -0.2333     1.2782  -0.183  0.98180
통제  - 실험1 == 0     -5.7333     1.2782  -4.485 6.29e-05 ***
통제  - 실험2 == 0     -5.5000     1.2782  -4.303  0.00012 ***
---
Signif. codes:  0 '***' 0.001 '**' 0.01 '*' 0.05 '.' 0.1 ' ' 1
(Adjusted p values reported -- single-step method)
```

세 집단(Group)의 평균연령의 차이를 구체적으로 살펴보면, 기준집단인 실험1집단의 평균연령이 68.57개월이고, 실험2집단은 기준집단보다 0.23개월 적지만 통계적으로 유의한 차이는 아니고, 통제집단은 실험1집단보다 연령이 5.73개월 정도 적은 것으로 나타났으며, 통제집단은 실험2집단보다 연령이 5.5개월 정도 적은 것으로 나타났다. 따라서 연령적인 측면에서 세 집단은 동질적이라고 볼 수는 없다. 이러한 결과는 AgeGroup 변수를 이용하여 주장한 집단의 연령 분포가 동질적이라는 결과와는 다른 결과이다.

정보적인 측면에서 연령(개월) 변수가 연령집단 변수보다는 좀 더 많은 정보를 포함하고 있으며, 유아의 발달적인 측면에서도 1~2개월의 차이는 크기 때문에 유아의 연령을 66개월 이하와 66개월 초과로 구분하여 동질성 검정을 하는 것보다는 연령(개월)을 연속형 변수로 간주하여 분산분석을 통한 동질성 검정을 하는 것이 보다 합리적이다. 이에 대한 선택은 연구자의 연구의식에 대한 문제이며, 비합리적인 선택을 할 경우에는 투고하는 학회지의 수준에 따라서 심사의원이 이러한 관점을 지적할 경우 그에 대한 답변 논리를 심도 있게 고민하여야 한다.

■ **주요 개념**

- 독립성 검정(test of independence)
- 동질성 검정(test of homogeneity)
- 카이제곱(chi-square) 분포

- base 패키지
  - `rm`
  - `summary`
  - `prop.table`
- utils 패키지
  - `read.delim`
- stats 패키지
  - `xtabs`
  - `chisq.test`
  - `anova`
- multcomp 패키지
  - `glht`

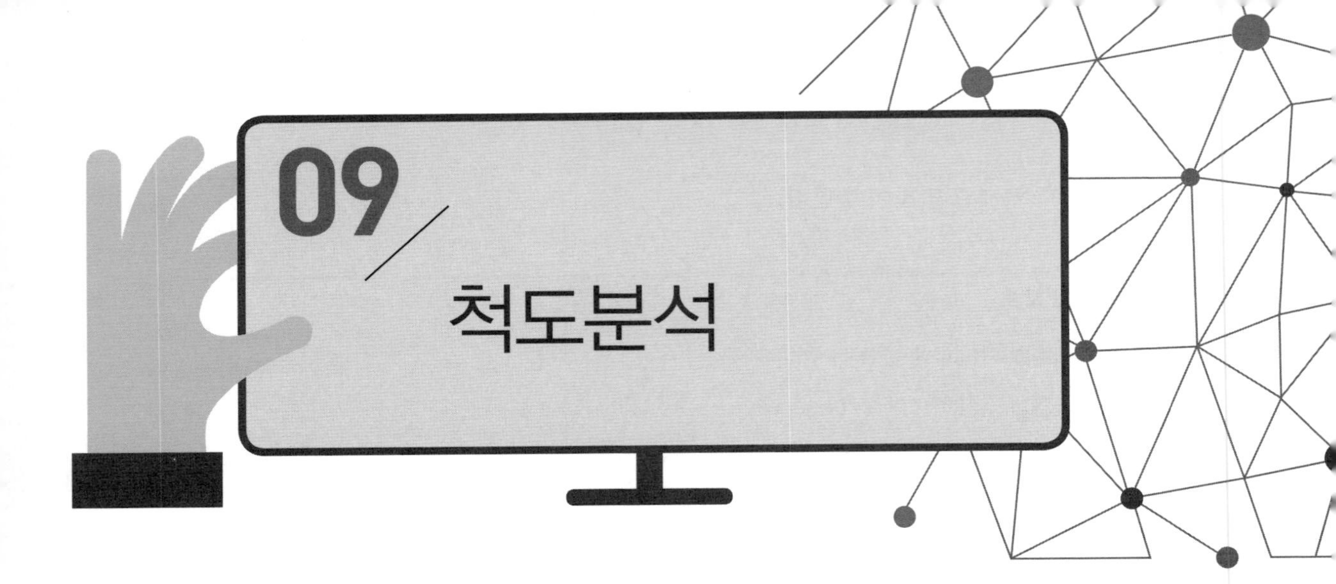


## 1 요인분석

**연구문제 13**

문항 Q1~Q20은 몇 개의 요인으로 구성되어 있는가?

[연구문제 해결을 위한 통계분석 설명]

[연구문제 13]은 새로운 척도를 개발하였거나 다른 연구에서 개발되어 검증된 척도를 연구대상이 다른 현재의 연구에서 사용하고자 할 경우, 몇 개의 요인 또는 구성개념으로부터 반영되어 나오는지를 탐색적으로 살펴보는 경우이다. 이와 같은 경우에 적용하는 방법이 탐색적 요인분석(explanatory factor analysis)이다.

탐색적 요인분석은 factanal() 함수를 이용하여 요인분석한 후 프로맥스(promax) 회전 방법을 사용하여 20개의 문항(Q1~Q20)을 네 개의 요인으로 구성할 경우 어떻게 묶을 수 있는지를 살펴볼 수 있다.

```
> tset1 = subset(Data1, select=c("Q1","Q2","Q3","Q4","Q5","Q6","Q7","Q8","Q9",
"Q10","Q11","Q12","Q13","Q14","Q15","Q16","Q17","Q18","Q19","Q20"))
> fa.out1 = factanal(tset1, factors=4, rotation="promax")
> print(fa.out1, cutoff=0.2, sort=TRUE)

Call:
factanal(x = tset1, factors = 4, rotation = "promax")

Uniquenesses:
   Q1    Q2    Q3    Q4    Q5    Q6    Q7    Q8    Q9   Q10   Q11
Q12   Q13   Q14   Q15   Q16   Q17   Q18   Q19   Q20
0.599 0.572 0.412 0.484 0.488 0.647 0.567 0.660 0.416 0.523 0.438
0.442 0.414 0.399 0.451 0.460 0.723 0.374 0.672 0.754

Loadings:
    Factor1 Factor2 Factor3 Factor4
Q1   0.617
Q2   0.668
Q3   0.717
Q4   0.837
Q5   0.751
Q11          0.666
Q12          0.861  -0.206
Q13          0.769
Q14          0.658   0.201
Q15          0.694
Q16                  0.726
Q17                  0.551
Q18                  0.877
Q7                           0.522
Q9                           0.883
Q6   0.479                   0.206
Q8                           0.469
Q10  0.272                   0.476
Q19          0.235   0.370
Q20                  0.401
```

```
                 Factor1 Factor2 Factor3 Factor4
SS loadings        2.979   2.802   2.044   1.593
Proportion Var     0.149   0.140   0.102   0.080
Cumulative Var     0.149   0.289   0.391   0.471

Factor Correlations:
        Factor1 Factor2 Factor3 Factor4
Factor1   1.000   0.619   0.664  -0.591
Factor2   0.619   1.000   0.435  -0.717
Factor3   0.664   0.435   1.000  -0.422
Factor4  -0.591  -0.717  -0.422   1.000

Test of the hypothesis that 4 factors are sufficient.
The chi square statistic is 772.57 on 116 degrees of freedom.
The p-value is 1.42e-97
```

출력결과 'Factor1'은 Q1, Q2, Q3, Q4, Q5 항목으로 구성할 수 있고, 'Factor2'는 Q11, Q12, Q13, Q14, Q15 항목으로 구성할 수 있으며, 'Factor3'은 Q16, Q17, Q18, Q19, Q20 항목으로 구성할 수 있고, 'Factor4'는 Q6, Q7, Q8, Q9, Q10 항목으로 구성할 수 있다는 것을 확인할 수 있다.

탐색적 요인분석을 사용할 경우 동일 요인에서 반영되어 나온 문항들은 서로 상관관계가 높아야 된다. 이를 수렴타당성(convergent validity)이라고 부른다. 탐색적 요인분석에서 수렴타당성을 확보하는 방법은 일반적으로 요인과 항목을 연결하는 요인적재(factor loading) 값이 일정한 값 이상이면 된다. 요구되는 최소 요인적재 값은 표본의 크기에 따라서 다르며, 일반적으로 권장되는 최소 요인적재 값은 <표 3-7>과 같다.

**〈표 3-7〉 표본의 크기와 최소 요인적재 값**

| 표본의 크기 | 최소 요인적재 값 |
|---|---|
| 50 | 0.75 |
| 100 | 0.55 |
| 150 | 0.45 |
| 200 | 0.40 |
| 250 | 0.35 |
| 350 | 0.30 |

본 예제에서는 표본의 크기가 1,925이기 때문에 수렴타당성을 위하여 요구되는 요인적재 값은 .3 이상이면 된다. 위의 출력결과는 Q6 항목을 제외한 모든 요인적재 값이 .3 이상임을 확인할 수 있다.

서로 다른 요인에서 반영된 문항들은 원칙적으로 상관관계가 없거나 상관관계가 있더라도 그 관계가 강하지 않아야 되며, 서로 다른 요인끼리는 서로 구별될 수 있어야 한다. 이를 판별타당성(discriminant validity)이라고 부른다. 판별타당성을 확인하는 방법은 패턴행렬(pattern matrix)을 이용하는 방법과 요인 상관행렬(factor correlation matrix)을 이용하는 방법이 있다.

패턴행렬을 이용하는 방법은 특정 문항이 그 문항이 속하는 요인에 의해서 적재되는 요인적재(factor loading) 값과 그 문항이 다른 요인에 의해서 적재되는 교차적재(cross-loading) 값의 차이가 .2 이상이 되는지를 확인하는 방법이다. 앞의 '패턴행렬' 출력결과를 살펴보면, 모든 문항은 명백히 각자의 요인에서 반영되어 나오지만 'Q6'와 'Q10'의 경우에는 그 양상을 달리하고 있다. 'Q6'의 경우 'Factor1'에 적재되는 요인적재 값이 .479이고 'Factor4'에 적재되는 요인적재 값이 .206이면서 'Q6' 항목은 'Factor4'에 포함되고 있다. 'Q10'의 경우 'Factor4'에 적재되는 요인적재 값은 .476이고 'Factor1'에 적재되는 요인적재 값은 .272로 그 차이가 .2를 간신히 초과하는 것으로 나타났다. 이는 'Q6'과 'Q10'의 경우 'Factor4'에서 반영되어 나온 변수로 설정할 경우 문제가 있을 수 있다는 것을 의미한다.

요인 상관행렬(factor correlations)을 이용하여 판별타당성을 확보하는 방법은 요인 간의 상관계수가 .7 미만이 되는 것을 확인하는 방법이다. 요인 간의 상관계수가 .707 이상일 경우 두 변수가 공유하는 분산은 50% 이상이 되며, 이는 두 요인이 서로 구별될 수 있다고 판단하기에는 어려움이 있다는 것을 의미하기 때문이다. 본 예제에서는 요인 간의 모든 상관계수가 .7 미만이기 때문에 탐색적 요인분석을 통한 판별타당성이 확보되었다고 볼 수 있다.

요인분석은 여러 개의 문항을 소수의 요인으로 축약하는 방법이다. 따라서 전체 문항이 가지고 있는 정보를 축약된 요인으로 어느 정도 나타내고 있는지도 탐색적 요인분석 결과에 대한 중요한 판단 기준이다. 본 예제에서는 20개 문항이 가지고 있는 분산의 47.1%만이 4개의 요인에 의해서 표현되고 있다는 것을 알 수 있다. 아울러 20개의 문항을 4개의 요인으로 축약해도 충분하다는 귀무가설에 대한 유의확률은 .000으로 매우 작게 나타났기 때문에 4개의 요인으로 축약하는 것에는 무리가 있을 수도 있다는 것을 의미한다.

■ **주요 개념**

- 탐색적 요인분석(explanatory factor analysis)
- 수렴타당성(convergent validity)
- 요인적재(factor loading)
- 판별타당성(discriminant validity)
- 패턴행렬(pattern matrix)
- 요인 상관행렬(factor correlations)

R 언어

- base 패키지
  - `subset`
  - `print`
- stats 패키지
  - `factanal`

## 2 신뢰도분석

**연구문제 14-1**

건강한 자기관리와 행복을 정의하는 문항들은 일관되게 동일하거나 비슷한 개념을 측정하고 있는가?

**[연구문제 해결을 위한 통계분석 설명]**

[연구문제 14-1]은 한 요인(factor)을 구성하는 문항(또는 항목)들이 일관되게 동일한 개념을 나타내고 있는 정도를 측정하는 것이다. 요인(factor) 또는 구성개념(construct)은 추상적인 개념을 나타내는 변수로 잠재변수(latent variable)라고 부르며, 문항들은 실제적으로 측정 가능한 값을 나타내는 변수로 명시변수(manifest variable)라고 부른다. 잠재변수와 명시변수의 관계를 나타내는 방법은 반영적(reflective) 방법과 조형적(formative) 방법이 있다. 반영적 방법은 잠재변수로부터 명시변수가 반영되어 나온다는 것을 전제로 설정하는 방법이고, 조형적 방법은 명시변수의 조합에 의해서 잠재변수가 결정된다는 방법이다. 조형적 방법은 명시변수들이 명백하게 서로 상관관계가 없고 명시변수가 잠재변수를 야기하는 원인이라는 것이 명백할 경우에 사용할 수 있는 방법이며, 반영적 방법은 명시변수들이 서로 상관관계가 있으며 명시변수들은 잠재변수가 원인이 되어 실제적으로 측정되는 값일 경우에 사용할 수 있는 방법이다. 사회과학에서는 대부분의 경우 명시변수들이 서로 상관관계가 있기 때문에 반영적 방법을 일반적으로 사용한다.

동일한 요인 또는 구성개념으로부터 그 요인을 측정하기 위해서 사용된 문항들의 일관성을 나타내는 값을 신뢰도(reliability) 또는 내적 일치도(internal consistency)라고 부르며 이는 Cronbach가 제시한 '신뢰도 계수 Alpha'를 사용한다. Cronbach의 신뢰도 계수 Alpha 값이 .7 이상이면 신뢰도가 높다고 볼 수 있다.

'건강한 자기관리'를 정의하는 문항은 Q6, Q7, Q8, Q9, Q10이고 '행복'을 정의하는 문항은 Q11, Q12, Q13, Q14, Q15이다.

```
> library(psych)
> Qset1 = subset(Data1, select=c("Q6","Q7","Q8","Q9","Q10"))
> alpha(Qset1)

Reliability analysis
Call: alpha(x = Qset1)

  raw_alpha std.alpha G6(smc) average_r S/N   ase mean   sd
      0.77      0.77    0.74       0.4 3.4 0.015    3 0.78

 lower alpha upper     95% confidence boundaries
  0.74  0.77  0.8

 Reliability if an item is dropped:
    raw_alpha std.alpha G6(smc) average_r S/N alpha se
Q6       0.75      0.76    0.70      0.44 3.1    0.018
Q7       0.71      0.71    0.66      0.38 2.5    0.019
Q8       0.74      0.74    0.69      0.42 2.9    0.018
Q9       0.71      0.72    0.66      0.39 2.5    0.019
Q10      0.72      0.72    0.66      0.39 2.6    0.019

 Item statistics
       n raw.r std.r r.cor r.drop mean   sd
Q6   1925  0.67  0.67  0.53   0.46  2.8 1.12
Q7   1925  0.76  0.75  0.67   0.59  3.1 1.09
Q8   1925  0.70  0.70  0.58   0.51  3.0 1.09
Q9   1925  0.75  0.75  0.66   0.57  3.1 1.14
Q10  1925  0.72  0.74  0.65   0.57  2.9 0.94

Non missing response frequency for each item
       1    2    3    4    5 miss
Q6  0.11 0.39 0.15 0.32 0.04    0
Q7  0.06 0.32 0.17 0.39 0.06    0
Q8  0.06 0.33 0.15 0.41 0.05    0
Q9  0.07 0.33 0.12 0.41 0.06    0
Q10 0.05 0.33 0.34 0.24 0.04    0
```

'건강한 자기관리'를 정의하는 5개의 항목에 대한 신뢰도분석을 시행한 결과 신뢰도는 .77로 나타났다. 각 문항을 제거한 후 나머지 문항들의 내적 일치도를 나타내는 raw_alpha 열의 값들을 살펴보면 .71~.75로 서로 비슷하게 나타났다. 이는 특정 항목이 빠질 경우 내적 일치도가 크게 증가하는 경우가 없다는 것을 의미한다. 또한 특정 항목과 그 항목을 제거한 나머지 항목으로 구성된 척도와의 상관관계를 나타내는 r.drop 열의 값들을 살펴보면 Q6의 경우 .46이고, Q8의 경우 .51로 다른 변수들의 해당 상관계수의 값인 .57~.59보다 낮게 나타났다. 이는 '건강한 자기관리' 척도를 구성하는 데 있어서 Q6 항목과 Q8 항목은 문제가 될 수도 있음을 의미한다. 문제가 될 수 있는 항목을 척도 구성을 위하여 포함시킬지 여부에 대한 선택은 연구자의 몫이다. 이 책에서는 이들 항목을 포함한 다섯 문항의 평균으로 '건강한 자기관리(BM)' 변수를 정의하여 사용하고 있다.

**연구문제 14-2**

행복을 정의하는 문항들은 일관되게 동일하거나 비슷한 개념을 측정하고 있는가?

```
> Qset2 = subset(Data1, select=c("Q11","Q12","Q13","Q14","Q15"))
> alpha(Qset2)

Reliability analysis
Call: alpha(x = Qset2)

  raw_alpha std.alpha G6(smc) average_r S/N   ase mean   sd
       0.86      0.86    0.84      0.56 6.3 0.012  3.5 0.75

 lower alpha upper     95% confidence boundaries
  0.84  0.86  0.89

 Reliability if an item is dropped:
    raw_alpha std.alpha G6(smc) average_r S/N alpha se
Q11      0.83      0.83    0.79      0.56 5.0    0.015
Q12      0.84      0.84    0.80      0.57 5.3    0.015
Q13      0.83      0.83    0.79      0.55 4.9    0.015
Q14      0.83      0.83    0.79      0.55 4.9    0.015
Q15      0.83      0.84    0.80      0.56 5.1    0.015

 Item statistics
       n raw.r std.r r.cor r.drop mean   sd
Q11 1925  0.81  0.80  0.74   0.68  3.5 0.96
Q12 1925  0.79  0.78  0.71   0.65  3.4 0.99
Q13 1925  0.81  0.81  0.75   0.70  3.6 0.89
Q14 1925  0.81  0.81  0.75   0.70  3.7 0.89
Q15 1925  0.80  0.80  0.72   0.67  3.5 0.93

Non missing response frequency for each item
       1    2    3    4    5 miss
Q11 0.04 0.13 0.26 0.48 0.09    0
Q12 0.02 0.20 0.21 0.46 0.10    0
Q13 0.01 0.14 0.20 0.55 0.10    0
Q14 0.01 0.12 0.16 0.57 0.14    0
Q15 0.02 0.14 0.26 0.46 0.12    0
```

'행복'을 정의하는 5개의 항목에 대한 신뢰도분석을 시행한 결과 신뢰도는 .86으로 나타났다. 각 문항을 제거한 후 나머지 문항들의 내적 일치도를 나타내는 raw_alpha 열의 값들을 살펴보면 .83~.84로 서로 비슷하게 나타났다. 이는 특정 항목이 빠질 경우 내적 일치도가 크게 증가하거나 감소하는 경우가 없다는 것을 의미한다. 또한 특정 항목과 그 항목을 제거한 나머지 항목으로 구성된 척도와의 상관관계를 나타내는 r.drop 열의 값들을 살펴보면 .65~.70으로 별 차이가 없게 나타났다. 이 책에서는 이들 다섯 문항의 평균으로 '행복(Happiness)' 변수를 정의하여 사용하고 있다.

■ **주요 개념**

- 구성개념(construct)
- 잠재변수(latent variable)
- 명시변수(manifest variable)
- 반영적(reflective) 방법
- 조형적(formative) 방법
- 신뢰도(reliability)
- 내적 일치도(internal consistency)
- 신뢰도 계수 Alpha

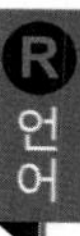


- base 패키지
  - `subset`
  - `print`
- psych패키지
  - `alpha`

**연구문제 15**

행복은 건강한 자기관리, 건강한 몸의 느낌, 교육정도에 영향을 받고, 평화는 건강한 자기관리, 건강한 몸의 느낌, 행복에 영향을 받는다고 한다. 이를 검증하시오.

### [연구문제 해결을 위한 통계분석 설명]

[연구문제 15]는 두 종류의 다중선형 회귀모형을 한 연구모형 내에 설정한 모형으로, 경로모형(path model) 또는 연립방정식 모형(simultaneous equations model)이라고 부르며, 이에 대한 분석을 경로분석(path analysis)이라고 한다. 경로분석은 **lavaan** 패키지를 사용한다.[3]

---

3 경로분석 및 구조방정식 모형의 분석을 위한 **lavaan** 패키지에 대한 정보는 http://lavaan.ugent.be/ 사이트를 참조하기 바란다. 공식적인 정보에 대한 참고문헌은 다음과 같다.

Yves Rosseel (2012). lavaan: An R Package for Structural Equation Modeling. *Journal of Statistical Software*, 48(2), 1-36. URL http://www.jstatsoft.org/v48/i02/

```
> library(lavaan)
> pa.fit1 <- '
+   # regressions
+     Peace ~ BM + Happiness + BF
+     Happiness ~ BM + BF + EDU
+ '
> pa.out1 <- sem(pa.fit1, data=data1)
```

```
> summary(pa.out1)
lavaan (0.5-20) converged normally after  21 iterations

  Number of observations                          1925

  Estimator                                         ML
  Minimum Function Test Statistic                1.333
  Degrees of freedom                                 1
  P-value (Chi-square)                           0.248

                              (중략)
```

```
                              (중략)
Regressions:
                   Estimate  Std.Err  Z-value  P(>|z|)
  Peace ~
    BM                0.049    0.021    2.294    0.022
    Happiness         0.447    0.020   22.232    0.000
    BF                0.050    0.022    2.208    0.027
  Happiness ~
    BM                0.298    0.023   12.779    0.000
    BF                0.334    0.024   13.742    0.000
    EDU               0.055    0.017    3.293    0.001

Variances:
                   Estimate  Std.Err  Z-value  P(>|z|)
    Peace             0.289    0.009   31.024    0.000
    Happiness         0.370    0.012   31.024    0.000
```

출력결과를 살펴보면, 두 개의 다중선형 회귀모형으로 구성되어 있는 경로모형이 적절하다는 귀무가설에 대한 검정통계량의 값($\chi^2$-값)이 1.333이고, 자유도($df$)가 1이다. 일반적으로 검정통계량과 자유도의 비($\chi^2/df$)가 2 미만이면 매우 훌륭한 적합이고, 5 이하이면 경로분석 모형을 기각하기에는 증거가 불충분하다고 판단한다. 아울러 경로분석 모형이 적합하다는 귀무가설에 대한 유의확률이 .248로 유의수준 .05보다 크게 나타났다. 이는 검정하고 있는 경로모형이 적합하다는 귀무가설을 채택할 수 있다는 의미이다.

평화(Peace)에 대한 다중선형 회귀분석 결과 건강한 자기관리(BM), 건강한 몸의 느낌(BF), 행복(Happiness) 모두 통계적으로 유의하게 나타났으며, 행복(Happiness)에 대한 다중선형 회귀모형 분석결과 건강한 자기관리(BM), 건강한 몸의 느낌(BF), 교육정도(EDU) 모두 통계적으로 유의하게 나타났다.

경로모형에서의 설명변수들의 통계적인 유의성이 나타났더라도 검증하고 있는 경로모형을 최종적인 모형으로 판단 내리는 것은 이르며, 통계적으로 유의한 경로 또는 공분산 관계를 설정할 필요가 있는지를 살펴보아야 한다. 이는 수정지수를 출력하는 modindices() 함수를 이용할 수 있다.

```
> modindices(pa.out1)
          lhs op        rhs    mi    epc sepc.lv sepc.all sepc.nox
9          BM ~~         BM 0.000  0.000   0.000    0.000    0.000
10         BM ~~         BF 0.000  0.000   0.000    0.000    0.000
11         BM ~~        EDU 0.000  0.000   0.000    0.000    0.000
12         BF ~~         BF 0.000  0.000   0.000    0.000    0.000
13         BF ~~        EDU 0.000  0.000   0.000    0.000    0.000
14        EDU ~~        EDU 0.000  0.000   0.000    0.000    0.000
15      Peace ~~ Happiness  1.333  0.115   0.115    0.234    0.234
16      Peace  ~        EDU 1.333 -0.017  -0.017   -0.022   -0.026
17 Happiness  ~      Peace  1.333  0.398   0.398    0.349    0.349
18         BM  ~      Peace 0.047 -0.010  -0.010   -0.009   -0.009
19         BM  ~ Happiness  0.000  0.000   0.000    0.000    0.000
20         BM  ~         BF 0.000  0.000   0.000    0.000    0.000
21         BM  ~        EDU 0.000  0.000   0.000    0.000    0.000
22         BF  ~      Peace 0.014  0.005   0.005    0.005    0.005
23         BF  ~ Happiness  0.000  0.000   0.000    0.000    0.000
24         BF  ~         BM 0.000  0.000   0.000    0.000    0.000
25         BF  ~        EDU 0.000  0.000   0.000    0.000    0.000
26        EDU  ~      Peace 1.075 -0.033  -0.033   -0.026   -0.026
27        EDU  ~ Happiness  0.000  0.000   0.000    0.000    0.000
28        EDU  ~         BM 0.000  0.000   0.000    0.000    0.000
29        EDU  ~         BF 0.000  0.000   0.000    0.000    0.000
```

수정지수의 값이 4 이상이면 관계되는 경로, 공분산 등을 추가(또는 제거)할 것을 권장한다는 의미이다. 출력결과를 살펴보면 수정지수의 값을 나타내는 mi 열의 모든 값들이 4 미만이다. 따라서 권장되는 모형 수정에 대한 권장 사항이 없다고 볼 수 있다.

연구자가 설정한 경로모형을 최종모형으로 결정하기 위해서는 경로계수와 공분산의 통계적인 유의성과 경로모형이 적절하다는 귀무가설에 대한 검정통계량 값($\chi^2$-값)과 자유도($df$)의 비($\chi^2/df$)에 대한 기준과 더불어 CFI, IFI, RMSEA, CN 등과 같은 추가적인 적합도 지수에 대한 기준이 충족되어야 한다. CFI 및 IFI 값은 .9 이상, RMSEA 및 SRMR 값은 0.05 미만, CN 값은 200 이상이면 양호한 모형으로 판단할 수 있다.

```
> fitmeasures(pa.out1, c("cfi", "ifi", "rmsea", "srmr", "cn_05"))
    cfi      ifi     rmsea     srmr     cn_05
   1.000    1.000    0.013    0.006  5548.043
```

출력결과를 살펴보면, CFI 및 IFI 값은 .9 이상이고, RMSEA 값은 0.013으로 0.05보다 작고, SRMR 값은 0.006으로 0.05보다 작고, CN 값은 200 이상인 것으로 나타났다. 따라서 [연구문제 15]에서 설정한 연구모형은 적합하다고 판단할 수 있다.

■ **주요 개념**

- 경로분석(path analysis)
- 적합도 척도(goodness-of-fit measures)
- 수정지표(modification indices)

- lavaan 패키지
  - `sem`
  - `modindices`
  - `fitmeasures`
- base 패키지
  - `summary`

# 4장 응용 분석

01 매개효과 및 조절효과 분석

# 01 매개효과 및 조절효과 분석

## 1 매개효과 분석

매개변수(mediator)란 독립변수가 종속변수에 영향을 미치는 관계에 있어서 중간에서 중계자 역할을 하는 제3의 변수이다. 매개변수는 부분매개변수와 완전매개변수가 있다. 독립변수가 종속변수에 직접적으로 영향을 미치면서, 매개변수를 통하여 간접적으로 영향을 미치는 경우(독립변수가 매개변수에 직접적으로 영향을 미치고, 매개변수가 종속변수에 직접적으로 영향을 미치는 경우)의 매개변수를 부분매개변수라고 부르며, 독립변수가 종속변수에 직접적으로 영향을 미치지는 않지만, 매개변수를 통하여 간접적으로 영향을 미치는 경우(독립변수가 매개변수에 직접적으로 영향을 미치고, 매개변수가 종속변수에 직접적으로 영향을 미치는 경우)의 매개변수를 완전매개변수라고 부른다. 독립변수, 부분매개변수, 종속변수의 관계를 나타내는 모형을 부분매개모형이라고 부르며, 독립변수, 완전매개변수, 종속변수의 관계를 나타내는 모형을 완전매개모형이라고 부른다. <그림 4-1>은 독립변수, 종속변수, 매개변수의 관계를 나타내고 있다.

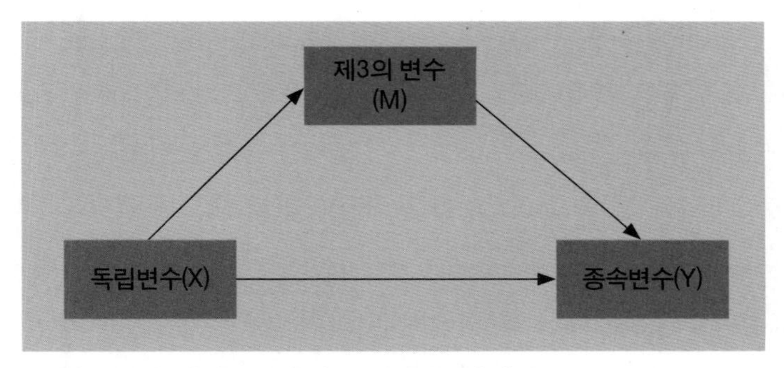


**〈그림 4-1〉 독립변수, 종속변수, 매개변수의 관계**

매개변수의 효과인 매개효과를 분석하는 일반적인 방법은 Baron & Kenny 방법과 경로분석을 이용하는 방법 두 가지가 있다. Baron & Kenny 방법은 매개효과에 초점을 둔 논문을 작성하는 경우에 주로 사용되며, 경로분석을 이용하는 방법은 독립변수(들), 매개변수(들), 종속변수(들)의 구조적 관계에 초점을 둔 논문을 작성하는 경우에 주로 사용되고 있다.

## 1.1 Baron & Kenny 방법에 의한 매개효과 검증 방법

독립변수(X)와 종속변수(Y)의 관계에 있어서 제3의 변수 M이 매개변수로 인정받기 위해서는 완전매개변수 또는 부분매개변수 여부에 관계없이 독립변수가 M 변수에 영향을 미치는 경우에만 가능하다. 따라서 첫 단계에서 검증하여야 할 사항은 독립변수가 M 변수에 미치는 영향의 유의성($M=f_1+a\cdot X+\varepsilon$에서 a의 유의성)이고, 두 번째 단계에서는 독립변수가 종속변수에 미치는 영향의 유의성($M=f_2+c\cdot X+\varepsilon$에서 c의 유의성)이 검증되어야 한다. 세 번째 단계에서는 독립변수와 M 변수를 설명변수(explanatory variable)로 설정하고, 종속변수를 반응변수(response variable)로 설정한 다중선형 회귀모형(multiple linear regression model, $Y=f_3+b\cdot M+c'\cdot X+\varepsilon$)에 대한 분석을 통하여 독립변수와 M 변수가 종속변수에 미치는 영향력의 유의성이 두 번째 단계와 비교해서 어떻게 변하는지를 살펴보아야 한다. 이 세 번째 단계에서의 유의성 결과는 세 가지 경우가 가능하다. 그 세 가지 경우는 1) 독립변수와 M 변수 모두 종속변수에 미치는 영향력이 유의하게 나타나는 경우, 2) 독립변수가 종속변수에 미치는 영향력만이 유의하게 나타나는 경우, 3) M 변수가 종속변수에 미치는 영향력만이 유의하게 나타나는 경우이다. 여기서 2) 독립변수가 종속변수에 미치는 영향력만이 유의하게 나타나는 경우에는 M 변수가 종속변수에 미치는 영향력이 없기 때문에 M 변수를 매개변수로 볼 수 없는 경우이고, 1)의 경우는 독립변수와 종속변수의 관계에서 독립변수가 종속변수에 직접적인 영향을 미치는 것과 더불어 M 변수를 통하여 종속변수에 간접적으로 영향을 미치고 있기 때문에 M 변수는 부분매개변수 역할을 하는 부분매개모형(partial mediation model)을 나타내는 경우이며, 3)의 경우는 독립변수와 종속변수의 관계에서 제3의 변수 M의 도입으로 독립변수가 종속변수에 미치는 영향이 없어지고 독립변수가 종속변수에 미치는 영향은 오직 M 변수를 통하여 간접적으로만 가능하기 때문에 M 변수가 독립변수와 종속변수의 관계에서 완전매개변수 역할을 하는 완전매개모형(perfect mediation model)을 나타내는 경우이다. 이를 정리하면 <표 4-1>과 같다.

**〈표 4-1〉 매개효과 검증을 위한 Baron & Kenny 방법: 3단계**

| 단계 | 통계모형 | 분석방법 | 매개변수의 조건 |
|---|---|---|---|
| 1 | $M=f_1+a\cdot X+\varepsilon$ | 단순선형 회귀분석 | a의 유의성 |
| 2 | $Y=f_2+c\cdot X+\varepsilon$ | 단순선형 회귀분석 | c의 유의성 |
| 3 | $Y=f_3+b\cdot M+c'\cdot X+\varepsilon$ | 다중선형 회귀분석 | b, c′ 모두 유의한 경우: 부분매개모형 |
| | | | b만 유의한 경우: 완전매개모형 |
| | | | c′만 유의한 경우: 매개모형이 아님 |

매개효과를 검증하기 위한 독립변수와 종속변수의 단순선형 회귀모형($M=f_1+a\cdot X+\varepsilon$)을 그림으로 표현하면 <그림 4-2>와 같다. 그림에서 절편이 표현되지 않은 이유는 매개효과 검증을 위해서 필요한 회귀계수는 기울기를 나타내는 c가 중요한 정보이기 때문이다. 이 기울기 c는 독립변수가 종속변수에 미치는 영향력의 크기로 총효과(total effect)라고 부른다.

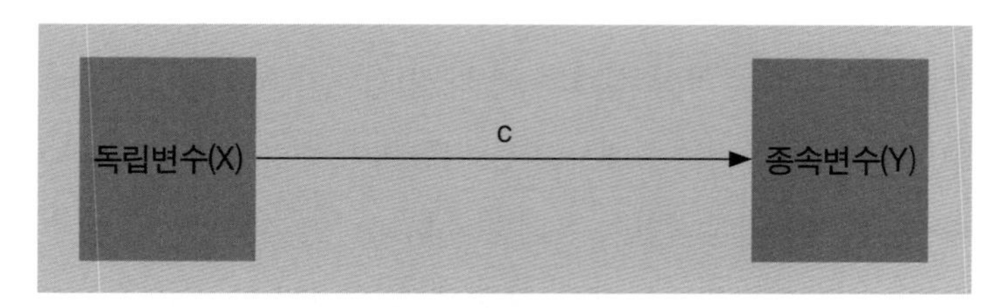


**〈그림 4-2〉 단순선형 회귀모형: 독립변수의 총효과**

우리가 일반적으로 다루고 있는 모형인 독립변수와 종속변수의 관계에 대한 선형모형의 경우, 총효과는 독립변수가 직접적으로 종속변수에 미치는 영향력의 크기인 직접효과(direct effect)와 독립변수가 매개변수를 통하여 종속변수에 미치는 영향력의 크기인 간접효과(indirect effect)의 합으로 이루어진다. 직접효과와 간접효과의 크기는 완전매개모형(perfect mediation model)이냐 부분매개모형(partial mediation model)이냐에 따라서 다르게 나타난다.

독립변수가 종속변수에 미치는 영향인 총효과가 간접효과로만 이루어진 완전매개모형은 <그림 4-3>과 같다. 완전매개모형에서 간접효과는 두 개의 단순선형 회귀모형에서 추정된 회귀계수 a와 b의 곱인 a·b와 같다. 따라서 완전매개모형에서는 c=a·b인 관계가 성립된다.

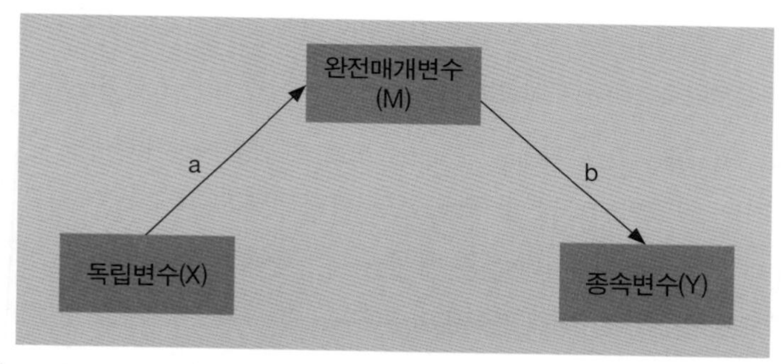


**〈그림 4-3〉 완전매개모형**

독립변수가 종속변수에 미치는 영향인 총효과가 직접효과와 간접효과로 이루어진 부분매개모형은 <그림 4-4>와 같다. 부분매개모형에서 간접효과는 단순회귀모형에서 추정된 회귀계수 a와 다중회귀모형에서 추정된 회귀계수 b의 곱인 a·b와 같고, 직접효과는 다중회귀모형에서 추정된 회귀계수 c′와 같다. 따라서 부분매개모형에서는 c=c′+a·c인 관계가 성립된다.

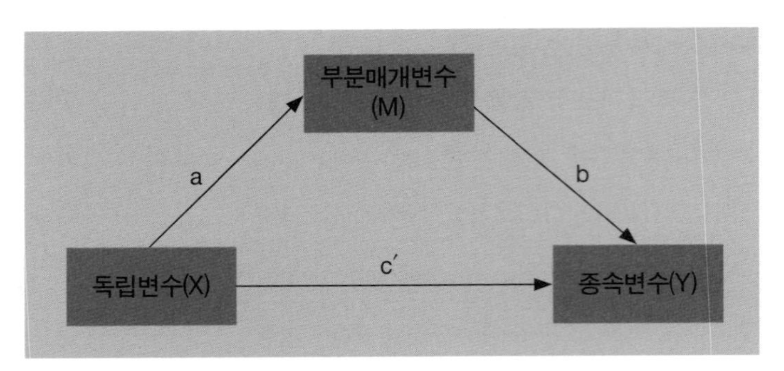


**〈그림 4-4〉 부분매개모형**

매개효과를 검증한다는 것은 그 모형의 종류에 관계없이 간접효과 a·b의 통계적인 유의성을 검정한다는 것이며, 이는 추정된 회귀계수의 근사적 다변량 정규분포에 바탕을 둔 Sobel 검정을 사용한다. 추정된 간접효과 a·b[회귀모형에서 회귀계수는 추정을 하여야 할 모수(parameter)이고, 이를 추정한 회귀계수 값은 통계량으로 확률변수이다. 이 책에서는 설명의 편의를 위해서 모수와 통계량을 구분하지 않고 혼용하고 있다]는 이론적으로 정규분포를 따르며, 그에 대한 표준오차(standard error)는 $\sqrt{b^2{s_a}^2 + a^2{s_b}^2 + {s_a}^2{s_b}^2}$ 으로 계산된다. 여기서 ${s_a}^2$은 독립변수가 매개변수에 미치는 영향력의 크기로 단순선형 회귀모형($M=f_1+a \cdot X+\varepsilon$)으로부터 구한 비표준화 계수 a의 표준오차이고, ${s_b}^2$은 매개변수가 종속변수에 미치는 영향력의 크기로 단순선형 회귀모형(매개변수만이 유일한 설명변수인 경우) 또는 다중선형 회귀모형(매개변수가 독립변수와 더불어 종속변수에 영향을 미치는 설명변수일 경우)의 비표준화 계수 b의 표준오차이다. 일반적으로 ${s_a}^2{s_b}^2$의 값은 상대적으로 무시할 정도로 작은 값이기 때문에 계산하지 않는 경우가 많으며, 이 경우 간접효과의 표준오차는 $\sqrt{b^2{s_a}^2 + a^2{s_b}^2}$이 된다. 결론적으로 간접효과 a·b의 통계적인 유의성 검정은 다음과 같이 진행한다.

1) 귀무가설: 매개효과가 없다($H_0: a \cdot b=0$).
2) 귀무가설에서의 검정통계량의 값 $T_0$를 구한다.

$$T_0 = \frac{a \cdot b}{\sqrt{b^2{s_a}^2 + a^2{s_b}^2}}$$

3) $|T_0|>1.96$이면 귀무가설을 기각하여 매개효과에 대한 증거가 있다고 결론 내린다.
   $|T_0|<1.96$이면 귀무가설을 채택하여 매개효과에 대한 증거가 없다고 결론 내린다.

### 1) 건강한 자기관리와 평화의 관계 - 행복의 매개효과

Data1에서 건강한 자기관리(BM)가 평화(Peace)에 영향을 미치는 관계에서 행복(Happiness)이 매개변수 역할을 하는지 살펴보고자 한다. 행복의 매개효과 검증을 위한 Baron & Kenny 방법의 3단계 모형은 다음과 같다.

1단계: 건강한 자기관리와 행복의 단순회귀모형(Happines = $f_1 + a \cdot BM + \varepsilon$)

2단계: 건강한 자기관리와 평화의 단순회귀모형(Peace = $f_2 + c \cdot BM + \varepsilon$)

3단계: 건강한 자기관리와 행복을 설명변수로 하는 평화에 대한 다중회귀모형

(Peace = $f_3 + b \cdot Happiness + c' \cdot BM + \varepsilon$)

```
> me.fit1 = lm(Happiness ~ BM, data=data1)
> summary(me.fit1)

Call:
lm(formula = Happiness ~ BM, data = data1)

Residuals:
    Min      1Q  Median      3Q     Max 
-2.1591 -0.4577  0.0418  0.4409  1.9386 

Coefficients:
            Estimate Std. Error t value Pr(>|t|)    
(Intercept)  2.06599    0.05777   35.77   <2e-16 ***
BM           0.49771    0.01878   26.50   <2e-16 ***
---
Signif. codes:  0 '***' 0.001 '**' 0.01 '*' 0.05 '.' 0.1 ' ' 1

Residual standard error: 0.6404 on 1923 degrees of freedom
Multiple R-squared:  0.2675,	Adjusted R-squared:  0.2671 
F-statistic: 702.2 on 1 and 1923 DF,  p-value: < 2.2e-16
```

분석결과를 살펴보면, '건강한 자기관리(BM)'를 설명변수로 하는 '행복(Happiness)'에 대한 단순선형 회귀모형은 통계적으로 유의하며, 이 모형의 설명력은 26.75%임을 알

수 있다. 아울러 '건강한 자기관리(BM)'가 '행복(Happiness)'에 미치는 직접효과의 크기인 비표준화 계수 B는 0.498이고, 그에 대한 표준오차는 0.019임을 알 수 있다.

```
> me.fit2 = lm(Peace ~ BM, data=data1)
> summary(me.fit2)

Call:
lm(formula = Peace ~ BM, data = data1)

Residuals:
     Min        1Q   Median       3Q      Max
-2.03189  -0.39057  0.06977  0.39043  1.91110

Coefficients:
            Estimate Std. Error t value  Pr(>|t|)
(Intercept)  2.66658    0.05539   48.15   <2e-16 ***
BM           0.30166    0.01801   16.75   <2e-16 ***
---
Signif. codes:  0 '***' 0.001 '**' 0.01 '*' 0.05 '.' 0.1 ' ' 1

Residual standard error: 0.614 on 1923 degrees of freedom
Multiple R-squared:  0.1273,    Adjusted R-squared:  0.1269
F-statistic: 280.6 on 1 and 1923 DF,  p-value: < 2.2e-16
```

분석결과를 살펴보면, '건강한 자기관리(BM)'를 설명변수로 하는 '평화(Peace)'에 대한 단순선형 회귀모형은 통계적으로 유의하며, 이 모형의 설명력은 12.73%임을 알 수 있다. 아울러 '건강한 자기관리(BM)'가 '평화(Peace)'에 미치는 직접효과의 크기는 0.302이고, 그에 대한 표준오차는 0.018임을 알 수 있다.

```
> me.fit3 = lm(Peace ~ BM + Happiness, data=data1)
> summary(me.fit3)

Call:
lm(formula = Peace ~ BM + Happiness, data = data1)

Residuals:
     Min       1Q   Median       3Q      Max
-1.75982 -0.33073  0.04018  0.33837  1.70998

Coefficients:
            Estimate Std. Error t value Pr(>|t|)
(Intercept)  1.71625    0.06272  27.362  < 2e-16 ***
BM           0.07272    0.01847   3.938 8.51e-05 ***
Happiness    0.45999    0.01919  23.972  < 2e-16 ***
---
Signif. codes:  0 '***' 0.001 '**' 0.01 '*' 0.05 '.' 0.1 ' ' 1

Residual standard error: 0.5388 on 1922 degrees of freedom
Multiple R-squared:  0.3282,	Adjusted R-squared:  0.3275
F-statistic: 469.5 on 2 and 1922 DF,  p-value: < 2.2e-16
```

분석결과를 살펴보면, '건강한 자기관리(BM)'와 '행복(Happiness)'을 설명변수로 하는 '평화(Peace)'에 대한 다중선형 회귀모형은 통계적으로 유의하며, 이 모형의 설명력은 32.82%임을 알 수 있다. 아울러 '건강한 자기관리(BM)'가 '평화(Peace)'에 미치는 직접효과의 크기는 0.073이고 그에 대한 표준오차는 0.018이며, '행복(Happiness)'이 '평화(Peace)'에 미치는 직접효과는 0.460이고, 그에 대한 표준오차는 0.019임을 알 수 있다.

매개효과 검증을 위한 3단계 회귀분석 결과들을 정리하면 <표 4-2>와 같다.

**〈표 4-2〉 건강한 자기관리와 평화의 관계 - 행복의 매개효과**

| 단계 | 모형 | 회귀계수(비표준화 계수) B | | 표준오차 | |
|---|---|---|---|---|---|
| 1 | BM → Happiness | a | 0.49771 | $s_a$ | 0.01878 |
| 2 | BM → Peace | c | 0.30166 | $s_c$ | 0.01801 |
| 3 | (BM, Happiness) → Peace | b | 0.45999 | $s_b$ | 0.01919 |
| | | c′ | 0.07272 | $s_{c'}$ | 0.01847 |

<표 4-2>에서 '건강한 자기관리'가 '평화'에 미치는 총효과의 크기는 c=0.30166이고, 이 총효과는 '건강한 자기관리'가 '평화'에 미치는 직접효과의 크기인 c′=0.07272와 간접효과의 크기인 a·b=0.49771×0.45999=0.22894의 합과 같다는 것을 확인할 수 있다.

다음 단계로, 건강한 자기관리가 평화에 미치는 간접효과의 유의성을 살펴보기 위한 검정통계량 $T_0$을 다음과 같이 구할 수 있다.

$$T_0 = \frac{a \cdot b}{\sqrt{b^2 {s_a}^2 + a^2 {s_b}^2}} = \frac{0.49771 \times 0.45999}{\sqrt{0.45999^2 \times 0.01878^2 + 0.49771^2 \times 0.01919^2}} = 17.78$$

검정통계량 $T_0$의 값이 17.78으로 1.96보다 매우 크기 때문에, 매개효과가 없다는 귀무가설은 기각이 된다. 따라서 건강한 자기관리와 평화의 관계에서 행복은 매개변수 역할을 한다는 것이 입증되었다.

**Note**

### 1) 매개효과 검정을 위한 비표준화 계수(B)와 표준화 계수($\beta$)의 사용

매개효과모형에서 종속변수는 연속형 변수이지만, 독립변수와 매개변수는 집단변수(일반적으로 더미변수) 또는 연속형 변수일 수 있다. 일반적으로 매개효과 검정을 위한 Sobel 검정에서 사용되는 회귀계수 a와 b, 그에 대한 표준오차 $s_a$와 $s_b$는 비표준화 계수(B)를 사용한다. 하지만 독립변수와 매개변수 모두 연속형 변수일 경우, 독립변수와 매개변수의 상관성에 의하여 다중공선성 문제가 야기될 수 있다. 다중공선성 문제가 심각할 경우 표준화 계수($\beta$)를 사용하는 것이 바람직하다. 이를 정리하면 <표 4-3>과 같다.

**〈표 4-3〉 매개효과 검정을 위한 비표준화 계수와 표준화 계수의 사용**

| 독립변수 | 매개변수 | 회귀계수 | 참고 |
|---|---|---|---|
| 더미변수 | 더미변수 | 비표준화 계수(B) | 집단변수(더미변수)에 대한 표준화는 무의미함 |
| 더미변수 | 연속형 변수 | 비표준화 계수(B) | |
| 연속형 변수 | 더미변수 | 비표준화 계수(B) | |
| 연속형 변수 | 연속형 변수 | 표준화 계수($\beta$) | 다중공선성이 심각하지 않을 경우에는 비표준화 계수(B)를 사용하여도 무방 |

### 2) 표준화 계수($\beta$)를 사용한 매개효과 검증

1. 변수를 표준화하여야 한다.

```
> attach(data1)
> Y = (Peace - mean(Peace))/sd(Peace)
> X = (BM- mean(BM))/sd(BM)
> M = (Happiness - mean(Happiness))/sd(Happiness)
```

2. 표준화된 변수로 Baron & Kenny 방법을 적용한다.

```
> sme.fit1 = lm(M ~ -1 + X, data=data1)
> summary(sme.fit1)

> sme.fit2 = lm(Y ~ -1 + X, data=data1)
> summary(sme.fit2)

> sme.fit3 = lm(Y ~ -1 + X + M, data=data1)
> summary(sme.fit3)
```

위에서는 매개효과 가설을 Baron & Kenny의 3단계 모형으로 검정하였다. 이를 **psych** 패키지의 mediate() 함수를 이용하면 간단하게 할 수 있다.

```
> library(psych)
> me.out1 = mediate(y="Peace", x="BM", m="Happiness", data=data1)
> mediate.diagram(me.out1,digits=2,ylim=c(2,8),xlim=c(-1,10),main="Mediation model")
> me.out1

Mediation analysis
Call: mediate(y = "Peace", x = "BM", m = "Happiness", data = data1)

The DV (Y) was Peace . The IV (X) was  BM . The mediating variable(s) = Happiness .

Total Direct effect(c) of  BM  on  Peace = 0.3   S.E. = 0.02  t direct = 16.75
with probability =  0

Direct effect (c') of  BM  on  Peace  removing  Happiness  =  0.07
S.E. =  0.02  t direct =  3.94   with probability =  8.5e-05

Indirect effect (ab) of  BM  on  Peace  through  Happiness   =  0.23

Mean bootstrapped indirect effect =  0.23  with standard error =  0.01
Lower CI =  0.2    Upper CI =  0.26

Summary of a, b, and ab estimates and ab confidence intervals
            a Peace   ab mean.ab ci.ablower ci.abupper
Happiness 0.5  0.46 0.23    0.23        0.2       0.26

ratio of indirect to total effect=   0.76
ratio of indirect to direct effect=  3.15
```

출력결과를 살펴보면, '건강한 자기관리(BM)'가 '평화(Peace)'에 미치는 총효과의 크기는 c=0.3이고, 이 총효과는 '건강한 자기관리(BM)'가 '평화(Peace)'에 미치는 직접효과의 크기인 c′=0.07와 간접효과의 크기인 a·c=0.5·0.46=0.23의 합과 같다는 것을 확인할 수 있다. 또한 매개효과의 95% 신뢰구간은 (0.23, 0.26)임을 알 수 있다. 따라서 '건강한 자기관리(BM)'와 '평화(Peace)'의 관계에서 '행복(Happiness)'은 부분매개변수 역할을 하고 있음을 알 수 있다. 이를 그림으로 표현할 수 있다.

```
> mediate.diagram(me.out1,digits=2,ylim=c(2,8),xlim=c(-1,10),main="Mediation
model")
```

출력결과를 살펴보면 <그림 4-5>와 같다. 이는 '건강한 자기관리(BM)'와 '평화(Peace)'의 관계에서 '행복(Happiness)'은 부분매개변수 역할을 나타내고 있는 부분매개모형이다.

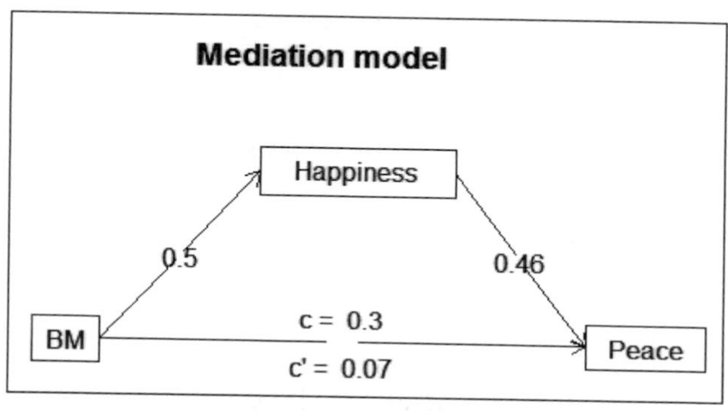


〈그림 4-5〉 mediate.diagram() 출력결과

## 1.2 경로분석에 의한 매개효과 검정 방법

동일한 결과를 **lavaan** 패키지의 sem() 함수를 이용하여 분석할 수 있다.

```
> library(lavaan)
> me.fit2 <- '
+   # direct effect
+     Peace ~ c*BM
+   # mediator
+     Happiness ~ a*BM
+     Peace ~ b*Happiness
+   # indirect effect (a*b)
+     ab := a*b
+   # total effect
+     total := c + (a*b)
+ '
> me.out2 <- sem(me.fit2, data=data1)
```

```
> summary(me.out2)
lavaan (0.5-20) converged normally after  18 iterations

  Number of observations                          1925

  Estimator                                         ML
  Minimum Function Test Statistic                0.000
  Degrees of freedom                                 0
  Minimum Function Value               0.0000000000000

Parameter Estimates:

  Information                                 Expected
  Standard Errors                             Standard

Regressions:
                   Estimate  Std.Err  Z-value  P(>|z|)
  Peace ~
    BM         (c)    0.073    0.018    3.941    0.000
  Happiness ~
    BM         (a)    0.498    0.019   26.513    0.000
  Peace ~
    Happiness  (b)    0.460    0.019   23.991    0.000

Variances:
                   Estimate  Std.Err  Z-value  P(>|z|)
    Peace             0.290    0.009   31.024    0.000
    Happiness         0.410    0.013   31.024    0.000

Defined Parameters:
                   Estimate  Std.Err  Z-value  P(>|z|)
    ab                0.229    0.013   17.789    0.000
    total             0.302    0.018   16.760    0.000
```

■ **주요 개념**

- 매개변수(mediator)
- 부분매개모형(partial mediation model)
- 완전매개모형(perfect mediation model)
- 총효과(total effect)
- 직접효과(direct effect)
- 간접효과(indirect effect)

R 언어

- base 패키지
  - `summary`
- stats 패키지
  - `lm`
- psych 패키지
  - `mediate`
  - `mediate.diagram`
- lavaan 패키지
  - `sem`

## 2 조절효과 분석

독립변수와 종속변수의 관계가 제3의 변수의 값 또는 수준에 따라서 다르게 나타나는 경우도 있다. 예를 들어, 자녀의 성적이 아버지의 행복에 긍정적인 영향을 미치지만, 아들의 경우보다 딸의 경우 더 큰 영향을 미치는 것으로 나타날 경우, 자녀의 성적과 아버지의 행복의 관계는 자녀의 성별에 따라서 그 함수관계가 다르게 나타난다. 이와 같이 그 변수의 값 또는 수준이 독립변수와 종속변수의 관계에 영향을 미치는 제3의 변수를 조절변수(moderating variable, moderator)라고 부른다.

독립변수(X)와 종속변수(Y)의 관계가 조절변수(R)의 수준에 따라서 다르게 나타나는 것을 통계모형으로 검증하기 위해서는 반응변수인 종속변수를 설명하기 위한 설명변수로 독립변수, 조절변수, 독립변수와 조절변수의 곱인 상호작용 항(interaction term)을 도입하며, 그 모형은 다음과 같이 표기할 수 있다.

$$Y = \alpha + \beta_1 X + \beta_2 R + \beta_3 X \cdot R + \varepsilon$$

여기서, 일반적으로 독립변수와 종속변수는 연속형 변수이지만, 조절변수는 집단을 나타내는 범주형(categorical) 변수와 연속형 변수 모두 가능하다. 학위논문을 포함한 일반적인 학술논문에서 사용되는 조절변수의 데이터 형태는 세 가지 경우로 볼 수 있다. 그 경우는 첫째, 두 집단을 나타내는 더미변수(dummy variable)인 경우, 둘째, 여러 집단을 나타내는 범주형 변수(categorical variable)인 경우, 셋째, 연속형 변수(continuous variable)인 경우이다.

독립변수(X)와 종속변수(Y)의 관계가 조절변수(R)의 수준에 따라서 다르게 나타난다는 의미는 세 가지로 볼 수 있다. 첫째, 절편(intercept)만 다른 경우, 둘째, 기울기(slope)만 다른 경우, 셋째, 절편과 기울기 모두 다른 경우이다. 절편만 다른 경우는 위의 조절변수 모형에서 상호작용이 없는 모형($\beta_3$=0)이다. 기울기만 다른 경우는 위의 조절변수 모형에서 조절변수에 대한 회귀계수가 0인 모형($\beta_2$=0)이다. 일반적으로 독립변수와 종속변수의 관계에서 조절효과가 있다는 말은 독립변수가 종속변수에 미치는 영향력이 조절변수의 수준에 따라서 다르게 나타난다는 것과 동일한 의미로 사용된다. 이는 앞의 세 가지 경우에서 기울기만 다르게 나타나는 경우와 절편과 기울기 모두 다르게 나타나는 경우 모두 조절효과가 있다는 것을 의미하는 것으로, 조절효과 검증에서 중요한 관심 사항은 독립변수와 조절변수 사이의 상호작용 항이 필요한지 여부로, 회귀계수 $\beta_3$가 0이라는 귀무가설($H_0$: $\beta_3$=0)을 검정하는 것과 같다.

#### 1) 더미변수 형태의 조절변수

조절변수의 가능한 수준이 두 가지인 경우에 조절변수의 값은 0 또는 1을 갖는 더미변수 형태로 정의할 수가 있다. 더미변수 형태의 조절변수의 대표적인 변수는 성별이다. 기준이 되는 성별의 조절변수의 값을 0으로 설정하고, 비교 대상이 되는 성별을 1로 설정한다. 예를 들어, 여성을 기준이 되는 성별로 하고 남성을 비교하고자 할 경우 조절변수 R의 값을 다음과 같이 설정한다.

$$R = \begin{cases} 1, \text{성별이 남성인 경우} \\ 0, \text{성별이 여성인 경우} \end{cases}$$

따라서 조절효과 모형($Y = \alpha + \beta_1 X + \beta_2 R + \beta_3 X \cdot R + \varepsilon$)은 성별에 따라서 독립변수와 종속변수의 선형적인 관계식이 다르게 표현된다. 우선, 성별이 여성인 경우(R=0)에 조절효과 모형은

$$Y = \alpha + \beta_1 X + \varepsilon$$

으로 단순선형 회귀모형이 되고, 성별이 남성인 경우(R=1)에 조절효과 모형은

$$Y = (\alpha + \beta_2) + (\beta_1 + \beta_3)X + \varepsilon$$

으로, 여성인 경우의 단순선형 회귀모형의 Y-절편(intercept)과 기울기(slope) 모두 다르게 표현된다. 여성에 대한 회귀모형의 회귀계수 $\alpha$, $\beta_1$의 추정치인 a, b1이 모두 양수라고 가정할 경우 $\beta_2$와 $\beta_3$의 추정값인 b2, b3의 크기에 따라서 조절효과를 상징적으로 나타내는 그림은 <그림 4-6>, <그림 4-7>과 같다.

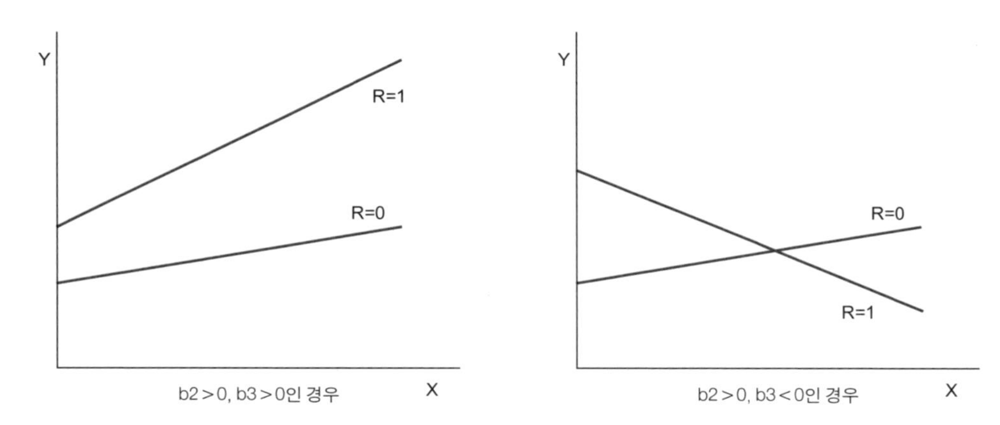


**〈그림 4-6〉 a, b1, b2가 양수인 경우의 조절효과 모형**

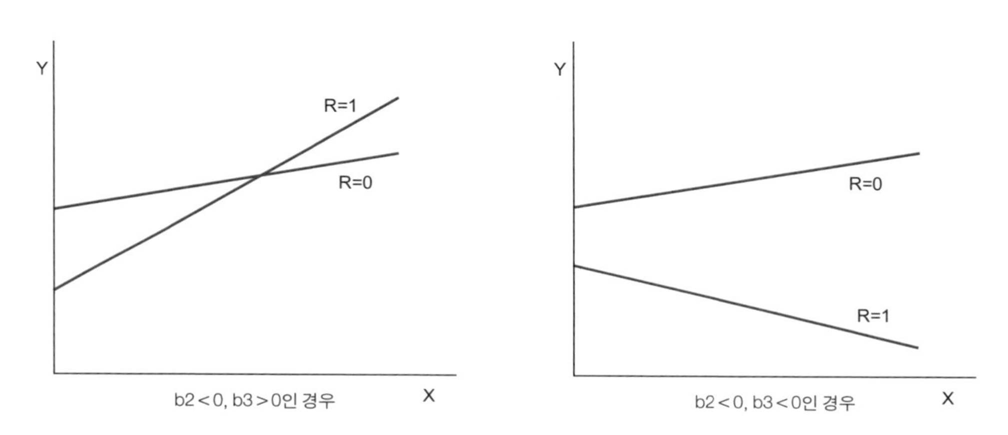


**〈그림 4-7〉 a, b1는 양수, b2는 음수인 경우의 조절효과 모형**

## 예제 더미변수 형태의 조절변수

건강한 자기관리(BM)와 평화(Peace)의 관계에서 성별(Gender)의 조절효과를 검정하고자 한다고 상정하자.

```
> mo.out1 = lm(Peace ~ BM + factor(Gender) + BM:factor(Gender),
data=data1)
> anova(mo.out1)
Analysis of Variance Table

Response: Peace
                     Df Sum Sq Mean Sq F value    Pr(>F)
BM                    1 105.78 105.779 286.493 < 2.2e-16 ***
factor(Gender)        1   4.77   4.766  12.909 0.0003353 ***
BM:factor(Gender)     1  10.87  10.865  29.428 6.537e-08 ***
Residuals          1921 709.27   0.369
---
Signif. codes:  0 '***' 0.001 '**' 0.01 '*' 0.05 '.' 0.1 ' ' 1
```

분석결과를 살펴보면, '건강한 자기관리(BM)', '성별(Gender)', '건강한 자기관리와 성별의 상호작용(BM:Gender)'에 해당되는 유의확률 모두가 .001보다 작게 나타났다. 따라서 건강한 자기관리와 평화의 관계에서 성별은 조절변수 역할을 하고 있다. 이를 토대로 학술 발표를 위한 분산분석표를 작성하면 <표 4-4>와 같다.

**〈표 4-4〉 건강한 자기관리와 행복의 관계에서의 성별의 조절효과 분산분석표**

| 요인 | 제곱합 | 자유도 | 평균제곱합 | F-값 |
|---|---|---|---|---|
| 건강한 자기관리 | 105.78 | 1 | 105.78 | 286.49*** |
| 성별 | 4.77 | 1 | 4.77 | 12.91*** |
| 상호작용<br>(건강한 자기관리*성별) | 10.87 | 1 | 10.87 | 29.42*** |
| 오차 | 709.27 | 1921 | 0.37 | |
| 전체(수정) | 830.69 | 1924 | | |

주) *** $p < .001$

조절효과를 좀 더 구체적인 추정된 회귀직선 함수와 그래프 형태로 살펴보기 위해서는 회귀계수를 추정할 필요가 있다.

```
> summary(mo.out1)

Call:
lm(formula = Peace ~ BM + factor(Gender) + BM:factor(Gender),
    data = data1)

Residuals:
     Min       1Q   Median       3Q      Max 
-1.99306 -0.38537  0.05882  0.39138  1.74490 

Coefficients:
                   Estimate Std. Error t value Pr(>|t|)    
(Intercept)         2.94578    0.07178  41.040  < 2e-16 ***
BM                  0.22094    0.02359   9.368  < 2e-16 ***
factor(Gender)1    -0.68573    0.11136  -6.158 8.97e-10 ***
BM:factor(Gender)1  0.19562    0.03606   5.425 6.54e-08 ***
---
Signif. codes:  0 '***' 0.001 '**' 0.01 '*' 0.05 '.' 0.1 ' ' 1

Residual standard error: 0.6076 on 1921 degrees of freedom
Multiple R-squared:  0.1462,	Adjusted R-squared:  0.1448 
F-statistic: 109.6 on 3 and 1921 DF,  p-value: < 2.2e-16
```

출력결과를 살펴보면, 기준이 되는 성별은 여성(Gender=0)인 것을 알 수 있으며, 여성(Gender=0)에 대한 '건강한 자기관리(BM)'와 '평화(Peace)'의 관계에 대한 추정된 회귀직선(estimated regression line)은

$$\text{Peace} = 2.94578 + 0.22094 \times \text{BM}$$

과 같고 남성(Gender=1)에 대한 건강한 자기관리(BM)와 평화(Peace)의 관계에 대한 추정 회귀직선은

$$\text{Peace} = 2.94578 + 0.22094 \times \text{BM} - 0.68573 + 0.19562 \times \text{BM}$$
$$= 2.26005 + 0.41656 \times \text{BM}$$

과 같다는 것을 보여주고 있다. 이는 여성의 경우 남성에 비하여 절편(intercept)이 0.686만큼 위에 있으며, 기울기가 0.196만큼 작다는 것을 의미한다. 즉 남성의 경우 건강한 자기관리가 1점 증가할 때 평화가 0.417점 증가하는 것에 비하여, 여성의 경우 건강한 자기관리가 1점 증가할 때 평화가 0.221점 증가한다는 것을 의미한다. 이와 같이 건강한 자기관리와 평화의 관계가 성별에 따라서 다르게 나타나는 경우 건강한 자기관리와 평화의 관계에 있어서 성별은 조절변수 역할을 한다고 한다.

### 2) 다중 집단변수 형태의 조절변수

조절변수의 가능한 수준이 k개 가지인 경우에 조절효과를 위한 통계모형을 작성하기 위해서는 k-1개의 더미변수(dummy variable)을 정의하여 독립변수, k-1개의 더미변수, k-1개의 독립변수와 더미변수의 상호작용 항을 설명변수로 설정한 다중선형 회귀모형을 작성하면 된다. 예를 들어, 학력이 조절변수의 역할을 하는 경우에 학력이 1, 2, 3, 4로 코딩되어 있다면 조절변수 R이 취할 수 있는 수준의 수는 4이며, 우리가 필요로 하는 더미변수는 3개로 각각 $D_1$, $D_2$, $D_3$로 놓을 수 있다. 여기서 기준이 되는 집단을 학력이 4인 집단으로 놓을 경우 더미변수 $D_1$, $D_2$, $D_3$는 각각 학력의 수준이 1, 2, 3인 집단을 나타내는 더미변수가 되며, 그 관계는 <표 4-5>와 같다.

**〈표 4-5〉 조절변수의 수준 값에 따른 더미변수 설정 방법**

| 학력 | R | $D_1$ | $D_2$ | $D_3$ |
|---|---|---|---|---|
| 1 | 1 | 1 | 0 | 0 |
| 2 | 2 | 0 | 1 | 0 |
| 3 | 3 | 0 | 0 | 1 |
| 4 | 4 | 0 | 0 | 0 |

독립변수(X)와 종속변수(Y)의 관계가 조절변수(R)의 수준에 따라서 다르게 나타나는

것을 통계모형으로 검증하기 위해서는 반응변수인 종속변수를 설명하기 위한 설명변수로 독립변수, k-1개의 더미변수, k-1개의 독립변수와 더미변수의 곱인 상호작용 항을 도입하며, 그 모형은 다음과 같이 표기할 수 있다.

$$Y = \alpha + \beta_0 X + \beta_1 D_1 + \beta_2 D_2 + \beta_3 D_3 + \gamma_1 X \cdot D_1 + \gamma_2 X \cdot D_2 + \gamma_3 X \cdot D_3 + \varepsilon$$

따라서 기준집단인 학력이 4인 집단(R=4인 경우로 $D_1 = D_2 = D3 = 0$인 경우)에 대한 조절효과 모형은 다음과 같이 된다.

$$Y = \alpha + \beta_0 X + \varepsilon$$

학력이 1인 집단(R=1인 경우로 $D_1 = 1$, $D_2 = D_3 = 0$인 경우)에 대한 조절효과 모형은 다음과 같이 된다.

$$Y = (\alpha + \beta_1) + (\beta_0 + \gamma_1) X + \varepsilon$$

학력이 2인 집단(R=2인 경우로 $D_2 = 1$, $D_1 = D_3 = 0$인 경우)에 대한 조절효과 모형은 다음과 같이 된다.

$$Y = (\alpha + \beta_2) + (\beta_0 + \gamma_2) X + \varepsilon$$

학력이 3인 집단(R=3인 경우로 $D_3 = 1$, $D_1 = D_2 = 0$인 경우)에 대한 조절효과 모형은 다음과 같이 된다.

$$Y = (\alpha + \beta_3) + (\beta_0 + \gamma_3) X + \varepsilon$$

학력이 4인 집단의 회귀모형의 회귀계수 $\alpha$, $\beta_0$의 추정값인 a, b0가 모두 양수라고 가정하고 그 밖의 회귀계수 $\beta_1$, $\beta_2$, $\beta_3$, $\gamma_1$, $\gamma_2$, $\gamma_3$의 추정값인 b1, b2, b3, r1, r2, r3의 상대

적인 값의 크기가 b1 > b2 > b3 > 0이고, r1 > r2 > r3 > 0이라고 가정할 경우의 조절효과 모형의 추정회귀식에 대한 그림은 <그림 4-8>과 같이 표현되고, b1 > b2 > b3 > 0이고, r3 > r2 > r1 > 0이라고 가정할 경우의 조절효과 모형의 추정회귀식에 대한 그림은 <그림 4-9>와 같이 표현된다.

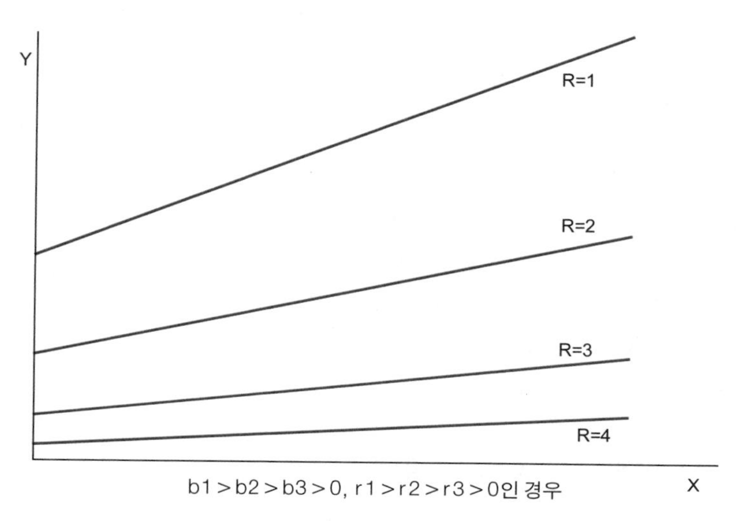


**〈그림 4-8〉 b1>b2>b3>0, r1>r2>r3>0인 경우의 조절효과 모형**

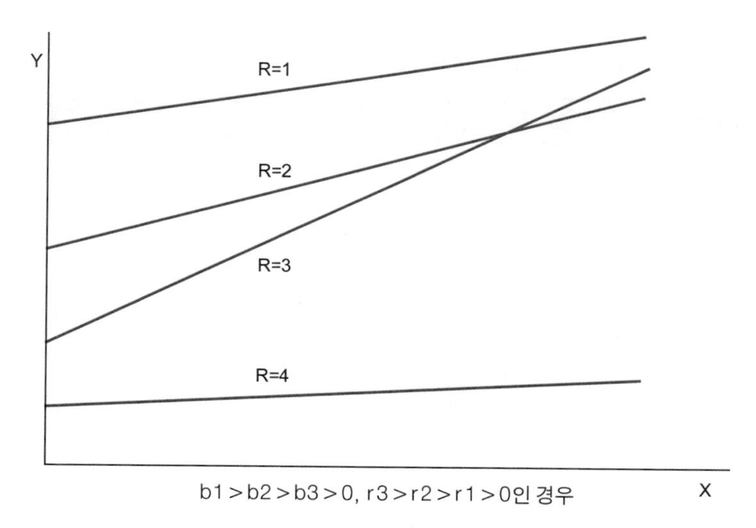


**〈그림 4-9〉 b1>b2>b3>0, r3>r2>r1>0인 경우의 조절효과 모형**

## 예제 다중 집단변수 형태의 조절변수

건강한 자기관리(BM)와 평화(Happiness)의 관계에서 학력(EDU)의 조절효과를 검정하고자 한다고 상정하자.

```
> mo.out2 = lm(Peace ~ BM + factor(EDU) + BM*factor(EDU), data=data1)
> anova(mo.out2)
Analysis of Variance Table

Response: Peace
                  Df  Sum Sq  Mean Sq  F value     Pr(>F)
BM                 1  105.78  105.779  284.7322 < 2.2e-16 ***
factor(EDU)        3    9.26    3.088    8.3129 1.713e-05 ***
BM:factor(EDU)     3    3.47    1.155    3.1103   0.02543 *
Residuals       1917  712.17    0.372
---
Signif. codes:  0 '***' 0.001 '**' 0.01 '*' 0.05 '.' 0.1 ' ' 1
```

출력결과를 토대로 논문작성을 위하여 <표 4-6>과 같은 분산분석표를 작성할 수 있다.

〈표 4-6〉 건강한 자기관리와 평화의 관계에서의 교육의 조절효과 분산분석표

| 요인 | 제곱합 | 자유도 | 평균제곱합 | F-값 |
|---|---|---|---|---|
| 건강한 자기관리 | 105.78 | 1 | 105.78 | 284.73*** |
| 교육 | 9.26 | 3 | 9.26 | 8.31*** |
| 상호작용<br>(건강한 자기관리*교육) | 3.47 | 3 | 3.47 | 3.11* |
| 오차 | 712.17 | 1917 | | |
| 전체(수정) | 830.68 | 1924 | | |

주) *** p<.001, ** p<.01, * p<.05

교육의 조절효과를 좀 더 구체적인 추정된 회귀직선 함수와 그래프 형태로 살펴보기 위해서는 회귀계수를 추정할 필요가 있다.

```
> summary(mo.out2)

Call:
lm(formula = Peace ~ BM + factor(EDU) + BM * factor(EDU), data = data1)

Residuals:
     Min       1Q   Median       3Q      Max 
-2.10004 -0.35908  0.05186  0.38337  1.97517 

Coefficients:
                 Estimate Std. Error t value  Pr(>|t|)    
(Intercept)       3.22075    0.17618  18.281   < 2e-16 ***
BM                0.15516    0.05401   2.873  0.004111 ** 
factor(EDU)2     -0.54627    0.21112  -2.587  0.009742 ** 
factor(EDU)3     -0.65620    0.19093  -3.437  0.000601 ***
factor(EDU)4     -0.48781    0.23940  -2.038  0.041720 *  
BM:factor(EDU)2   0.12297    0.06594   1.865  0.062356 .  
BM:factor(EDU)3   0.17362    0.05919   2.933  0.003395 ** 
BM:factor(EDU)4   0.17848    0.07588   2.352  0.018767 *  
---
Signif. codes:  0 '***' 0.001 '**' 0.01 '*' 0.05 '.' 0.1 ' ' 1

Residual standard error: 0.6095 on 1917 degrees of freedom
Multiple R-squared:  0.1427,	Adjusted R-squared:  0.1395 
F-statistic: 45.57 on 7 and 1917 DF,  p-value: < 2.2e-16
```

출력결과를 살펴보면, 추정된 회귀계수 값에서 기준이 되는 학력은 중졸 이하(EDU=1)인 것을 알 수 있으며, [EDU=1] 집단에 대한 '건강한 자기관리(BM)'와 '평화(Peace)'의 관계에 대한 추정 회귀식은

$$Peace = 3.22075 + 0.15516 \times BM$$

과 같고, [EDU=2] 집단에 대한 건강한 자기관리(BM)와 평화(Peace)의 관계에 대한 추

정 회귀식은

$$Peace = 3.22075 + 0.15516 \times BM - 0.54627 + 0.12297 \times BM$$
$$= 2.6745 + 0.27813 \times BM$$

과 같고, [EDU=3] 집단에 대한 건강한 자기관리(BM)와 평화(Peace)의 관계에 대한 추정 회귀식은

$$Peace = 3.22075 + 0.16616 \times BM - 0.6662 + 0.17362 \times BM$$
$$= 2.56455 + 0.32878 \times BM$$

과 같으며, [EDU=4] 집단에 대한 건강한 자기관리(BM)와 평화(Peace)의 관계에 대한 추정 회귀식은

$$Peace = 3.22075 + 0.15516 \times BM - 0.48781 + 0.178482 \times BM$$
$$= 2.73294 + 0.33364 \times BM$$

과 같게 계산된다. 이를 정리하면 <표 4-7>과 같다.

**〈표 4-7〉 교육정도에 따른 건강한 자기관리와 평화의 관계의 추정회귀식**

| 학력(EDU) | 추정회귀식 |
|---|---|
| 중졸 이하(EDU=1) | Peace=3.221+0.155×BM |
| 고졸 또는 중퇴(EDU=2) | Peace=2.675+0.278×BM |
| 대졸 또는 중퇴(EDU=3) | Peace=2.565+0.329×BM |
| 대학원 졸업 또는 중퇴(EDU=4) | Peace=2.733+0.334×BM |

이는 '건강한 자기관리'와 '행복'의 관계식에서 절편과 기울기 모두 집단별로 다르다는 것을 의미한다. 이와 같이 건강한 자기관리와 평화의 관계가 학력에 따라서 다르게 나타나는 경우, 건강한 자기관리와 평화의 관계에 있어서 학력은 조절변수 역할을 한다고 한다.

### 3) 연속형 변수 형태의 조절변수

조절변수가 연속형 변수일 경우에 조절효과 분석을 위해서는 반응변수인 종속변수를 설명하기 위한 설명변수로 독립변수, 조절변수, 독립변수와 조절변수의 곱인 상호작용항을 도입한 다음과 같은 선형모형을 사용한다.

$$Y = \alpha + \beta_1 X + \beta_2 R + \beta_3 X \cdot R + \varepsilon$$

이 경우 조절변수의 가능한 수준의 수는 무한개이다. 따라서 조절변수가 연속형 변수일 경우에 조절효과를 시각적으로 표현하는 것은 불가능하다. 논문작성을 위해서는 연속형 조절변수의 조절효과를 시각적으로 보여줄 필요가 있으며, 이를 위해서 연구자는 연속형 조절변수의 값의 범위에 따라서 연구대상을 2개 또는 k개의 수준으로 구분할 수 있으며, 그 선택은 연구자의 선택이다. 연구대상을 두 개의 집단으로 구분하고자 할 경우 조절변수의 평균(mean) 또는 중위수(median)를 사용할 수 있으며, k개의 집단으로 구분하고자 할 경우 각 부분집단의 구성원들의 비율이 동일하게 1/k씩 배정할 수 있다.

**예제 연속형 변수 형태의 조절변수**

행복(Happiness)과 평화(Peace)의 관계에서 건강한 자기관리(BM)의 조절효과를 검증한다고 상정하자.

```
> mo.out3 = lm(Peace ~ Happiness + BM + Happiness*BM, data=data1)
> anova(mo.out3)
Analysis of Variance Table

Response: Peace
               Df Sum Sq Mean Sq F value    Pr(>F)
Happiness       1 268.13 268.125 934.005 < 2.2e-16 ***
BM              1   4.50   4.503  15.686 7.752e-05 ***
Happiness:BM    1   6.59   6.591  22.961 1.780e-06 ***
Residuals    1921 551.46   0.287
---
Signif. codes:  0 '***' 0.001 '**' 0.01 '*' 0.05 '.' 0.1 ' ' 1
```

```
> summary(mo.out3)

Call:
lm(formula = Peace ~ Happiness + BM + Happiness * BM, data = data1)

Residuals:
     Min       1Q   Median       3Q      Max
-1.78630 -0.35398  0.02787  0.32694  1.74333

Coefficients:
              Estimate Std. Error t value  Pr(>|t|)
(Intercept)    0.77293    0.20651   3.743 0.000187 ***
Happiness      0.72549    0.05860  12.380  < 2e-16 ***
BM             0.42007    0.07478   5.617 2.22e-08 ***
Happiness:BM  -0.09507    0.01984  -4.792 1.78e-06 ***
---
Signif. codes:  0 '***' 0.001 '**' 0.01 '*' 0.05 '.' 0.1 ' ' 1

Residual standard error: 0.5358 on 1921 degrees of freedom
Multiple R-squared:  0.3361,	Adjusted R-squared:  0.3351
F-statistic: 324.2 on 3 and 1921 DF,  p-value: < 2.2e-16
```

분석결과를 토대로 행복(Happiness)과 평화(Peace)의 관계에서 건강한 자기관리(BM)의 조절효과 모형의 추정 회귀식은 다음과 같이 작성할 수 있다.

$$Peace = 0.77293 + 0.72549 \times Happiness + 0.42007 \times BM - 0.09507 \times Happiness \times BM$$

조절변수가 연속형 변수일 경우 조절변수의 가능한 수준의 수는 무한개이다. 시각적인 표현과 조절효과의 설명을 위해서 조절변수로 설정한 건강한 자기관리(BM)의 값에 따라서 구분되는 상/중/하 집단 또는 고/저 집단의 대표적인 값이 주어졌을 경우의 행복과 평화의 관계식을 이용할 수 있다. 이럴 경우 건강한 자기관리에 대한 백분위수(percentile)를 구할 필요가 있다. 기본적으로 summary() 함수를 이용하면 평균을 비롯하여 최소, 제1사분위수, 중위수, 제3사분위수, 최대를 구할 수 있으며, quantile() 함수를 이용하여 원하는 백분위수를 구할 수 있다.

```
> summary(data1$BM)
   Min. 1st Qu.  Median    Mean 3rd Qu.    Max. 
  1.000   2.400   3.000   2.976   3.600   5.000 
```

summary() 함수의 결과와 동일한 결과를 quantile() 함수를 이용하여 얻을 수 있다.

```
> quantile(data1$BM, probs= c(0, 0.1, 0.25, 0.5, 0.75, 0.9, 1.0))
  0%  10%  25%  50%  75%  90% 100% 
 1.0  2.0  2.4  3.0  3.6  4.0  5.0 
```

조절변수인 건강한 자기관리(BM)의 상/하 수준을 정하기 위하여 상위 50% 점수에 해당되는 중위수(50% 백분위수)인 3.0을 기준으로 중위수보다 크면 건강관리가 상(上)인 집단, 작으면 하(下)인 집단으로 설정하자.

```
> data1$BM_Gr = with(data1, cut(BM, quantile(BM, c(0, 0.5, 1)), include.
lowest=TRUE, labels=c("low", "high")))
> summary(data1)
     Gender            EDU              BF              BM          Happiness    
Min.   :0.0000   Min.   :1.000   Min.   :1.000   Min.   :1.000   Min.   :1.400  
1st Qu.:0.0000   1st Qu.:2.000   1st Qu.:2.600   1st Qu.:2.400   1st Qu.:3.000  
Median :0.0000   Median :3.000   Median :3.200   Median :3.000   Median :3.600  
Mean   :0.4099   Mean   :2.616   Mean   :3.172   Mean   :2.976   Mean   :3.547  
3rd Qu.:1.0000   3rd Qu.:3.000   3rd Qu.:3.800   3rd Qu.:3.600   3rd Qu.:4.000  
Max.   :1.0000   Max.   :4.000   Max.   :5.000   Max.   :5.000   Max.   :5.000  
     Peace        BM_Gr     
 Min.   :1.200   low :1087  
 1st Qu.:3.200   high: 838  
 Median :3.600              
 Mean   :3.564              
 3rd Qu.:4.000              
 Max.   :5.000              
```

출력결과를 살펴보면, 조절변수인 건강한 자기관리(BM)의 중위수 3.0을 기준으로 하(下)인 집단은 BM_Gr 값을 low로, 상(上)인 집단은 BM_Gr 값을 high로 지정하였으며, low 집단의 수는 1,087명, high 집단의 수는 838로 나타났다.

행복(Happiness)과 평화(Peace)의 관계에서 건강한 자기관리(BM)의 조절효과를 시각적으로 표현하기 위하여 BM_Gr 변수를 사용하여 분석해보자.

```
> mo.out4 = lm(Peace ~ Happiness + BM_Gr + Happiness*BM_Gr,
data=data1)
> summary(mo.out4)

Call:
lm(formula = Peace ~ Happiness + BM_Gr + Happiness * BM_Gr, data =
data1)

Residuals:
     Min       1Q   Median       3Q      Max
-1.79212 -0.34764  0.03142  0.32346  1.65842

Coefficients:
                     Estimate Std. Error t value  Pr(>|t|)
(Intercept)           1.64707    0.07392  22.282  < 2e-16 ***
Happiness             0.53375    0.02200  24.258  < 2e-16 ***
BM_Grhigh             0.74957    0.14275   5.251 1.68e-07 ***
Happiness:BM_Grhigh  -0.17823    0.03799  -4.691 2.91e-06 ***
---
Signif. codes:  0 '***' 0.001 '**' 0.01 '*' 0.05 '.' 0.1 ' ' 1

Residual standard error: 0.5365 on 1921 degrees of freedom
Multiple R-squared:  0.3344,    Adjusted R-squared:  0.3334
F-statistic: 321.7 on 3 and 1921 DF,  p-value: < 2.2e-16
```

출력결과를 살펴보면, 건강한 자기관리가 3.0 이하인 집단의 경우 평화의 추정 회귀식은

$$Peace = 1.64707 + 0.53375 \times Happiness$$

이고, 건강한 자기관리가 3.0 초과인 집단의 경우 평화의 추정 회귀식은

$$\begin{aligned} Peace &= (1.64707 + 0.74957) + (0.53375 - 0.17823) \times Happiness \\ &= 2.39664 + 0.35552 \times Happiness \end{aligned}$$

인 것을 확인할 수 있다. 이는 건강한 자기관리가 낮은 집단이 높은 집단보다 행복이 평화에 미치는 영향력이 크게 나타나고 있다는 것을 의미한다.

이제 행복과 평화의 관계에 있어서 건강한 자기관리의 조절효과를 시각적으로 표현할 수가 있다.

```
> B = mo.out4$coefficients
> x = c(20:100)/20
> fit.low = B[1]+B[2]*x
> fit.high = (B[1]+B[3]) + (B[2]+B[4])*x
>
> par(mfrow=c(1,1))
> plot(x, fit.low, xlim=c(0,5), ylim=c(0,5), xlab="Happiness", ylab="Estimated Peace", type="l",lty=1)
> par(new=TRUE)
> plot(x, fit.high, xlim=c(0,5), ylim=c(0,5), xlab="", ylab="", type="l", lty=3)
> text(1,2, "low")
> text(1,3, "high")
```

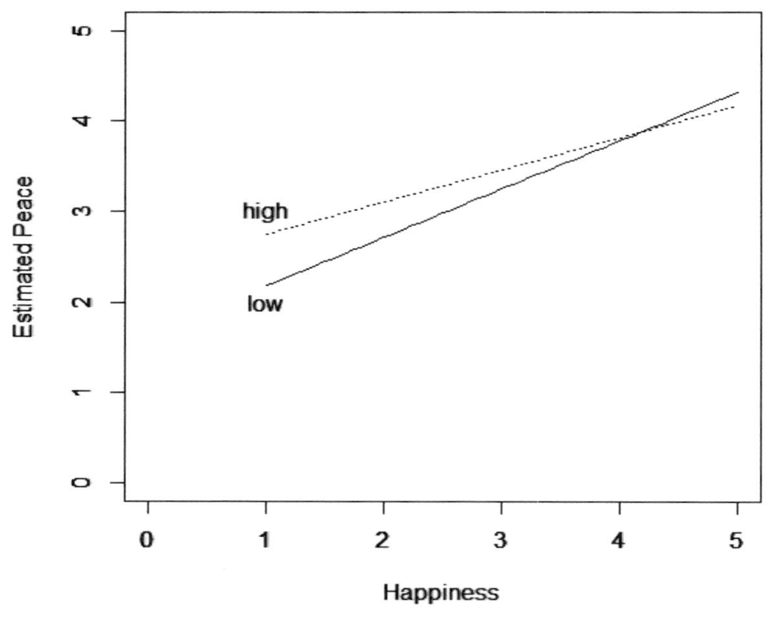


〈그림 4-10〉 행복과 평화의 관계: 건강한 자기관리의 조절효과

■ 주요 개념

- 조절변수(moderator)
- 더미변수(dummy variable)
- 범주형 변수(categorical variable)
- 분산분석표(ANOVA table)
- 회귀계수(regression coefficient)
- 추정된 회귀직선(estimated regression line)

R 언어

- base 패키지
  - summary
  - with
- stats 패키지
  - lm
  - anova
  - quantile
- graphics 패키지
  - par
  - plot
  - text

# 5장 실전 분석

01 실습예제 분석

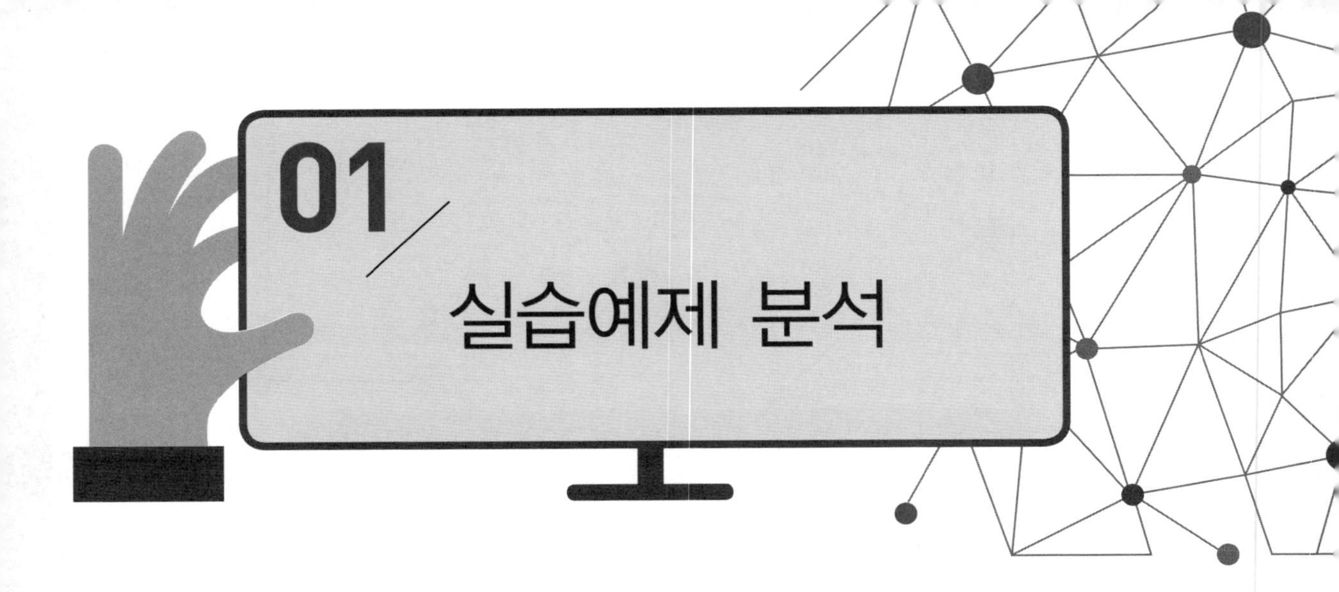


## 1 실습 데이터

실습 데이터 "Data3"은 특정 업종에 종사하고 있는 여성 직장인 422명을 대상으로 설문조사한 자료로 결혼여부, 직장경력, 셀프리더십(18 문항), 정서지능(20 문항), 조직몰입(9 문항), 직무만족(14 문항), 업무성과(17 문항)를 조사한 것이다. 모든 척도는 Likert 5점 척도(1=전혀 그렇지 않다, 2=그렇지 않다, 3=보통이다, 4=그렇다, 5=매우 그렇다)로 구성되어 있으며, 각 변수는 해당되는 문항들의 평균으로 계산되었다. "Data3"에 대한 변수명, 변수정의 및 변수설명은 <표 5-1>과 같다.

**〈표 5-1〉 실습 데이터(Data3)에 대한 변수명, 변수정의 및 변수설명**

| 변수명 | 변수정의 | 변수설명 |
|---|---|---|
| Marriage | 결혼상태 | 미혼=1, 기혼=2 |
| CYear | 직무경력 | 1년 미만=1, 5년 미만=2, 10년 미만=3, 10년 이상=4 |
| SelfL | 셀프리더십 | 높을수록 셀프리더십이 높다 |
| EmoQ | 정서지능 | 높을수록 정서지능이 높다 |
| OrgE | 조직몰입 | 높을수록 조직몰입이 높다 |
| JobS | 직무만족 | 높을수록 직무만족이 높다 |
| Perf | 업무성과 | 높을수록 업무성과가 높다 |

## 2 독립성 검정

**실습문제 1** **독립성 검정**

결혼상태와 직무경력은 서로 관계가 있는지 여부를 검증하시오.

[실습문제 1]은 '결혼상태'와 '직무경력' 모두 범주형 변수이다. 따라서 직무경력의 분포가 결혼상태에 다라서 다른지를 검증하는 것으로 독립성 검정(또는 동질성 검정)으로 분석하면 된다.

```
> rm(list=ls(all=TRUE))
> Data3 = read.delim("c:\\Data\\Data3.txt")
> M = xtabs(~ Marriage + CYear, data=Data3)
> M
        CYear
Marriage   1   2   3   4
       1  66 183  46  28
       2   0   8  22  69
>
> ht.out1 = chisq.test(M)
> ht.out1

        Pearson's Chi-squared test

data:  M
X-squared = 185.51, df = 3, p-value < 2.2e-16
```

결혼상태와 직무경력이 독립이라는 귀무가설에 대한 유의확률이 .001보다 작게 나타났다. 따라서 귀무가설은 기각되며, 이는 결혼상태와 직무경력은 관계가 있다는 의미이다.

```
> ht.out1$observed    # observed counts (same as M)
               factor(CYear)
factor(Marriage)    1   2   3   4
               1   66 183  46  28
               2    0   8  22  69
> ht.out1$expected   # expected counts under the null hypothesis
               factor(CYear)
factor(Marriage)         1         2         3         4
               1 50.51659 146.19194  52.04739  74.24408
               2 15.48341  44.80806  15.95261  22.75592
> ht.out1$residuals  # Pearson residuals
               factor(CYear)
factor(Marriage)          1          2          3          4
               1  2.1784604  3.0442560 -0.8382407 -5.3669210
               2 -3.9348967 -5.4987609  1.5140924  9.6941306
> ht.out1$stdres     # standardized residuals
               factor(CYear)
factor(Marriage)         1         2         3          4
               1  4.896881  8.495130 -1.889565 -12.626366
               2 -4.896881 -8.495130  1.889565  12.626366
```

```
> prop.table(ht.out1$observed, 1)
        CYear
Marriage          1          2          3          4
       1 0.20433437 0.56656347 0.14241486 0.08668731
       2 0.00000000 0.08080808 0.22222222 0.69696970
```

출력결과를 살펴보면, 미혼일 경우(Marriage=1) 직무경력별 비율은 1년 미만이 20.4%, 5년 미만이 56.7%, 10년 미만이 14.2%, 10년 이상이 8.7%인 반면에, 기혼일 경우(Marriage=2)의 직무경력별 비율은 1년 미만이 0%, 5년 미만이 8.1%, 10년 미만이 22.2%, 10년 이상이 69.7%로 나타났다. 또한 미혼일 경우 직무경력이 1년 이상 5년 미만의 비율이 56.7%로 가장 높게 나타난 반면, 기혼일 경우 직무경력 10년 이상자의 비율이 69.7%로 가장 높게 나타났다는 것을 의미한다. 따라서 미혼자의 직무경력별 분포도와 기혼자의 직무경력별 분포도는 다르며, 미혼자일 경우 10년 미만 직무경력자의 비율이 91.3%인 반면, 기혼자일 경우 10년 미만 직무경력자의 비율이 30.3%에 지나지 않는다. 결론적으로 결혼상태와 직무경력은 독립적이지 않다.

## 3 이표본 t-검정

### 실습문제 2 이표본 t-검정

결혼상태에 따라서 업무성과에 차이가 있는지를 검증하시오.

[실습문제 2]는 집단변수인 결혼상태(미혼/기혼)에 따라서 연속형 변수인 업무성과가 어떻게 다른지를 살펴보기 위한 것으로 이표본 t-검정(또는 독립표본 t-검정)을 통하여 분석하면 된다. 이표본 t-검정은 두 집단의 평균의 동일성 여부를 검정하는 방법으로 검정통계량인 t-통계량은 두 집단의 평균이 동일하다는 귀무가설이 참이라는 전제에서 두 집단의 표본평균의 차에 대한 분포를 토대로 구해지는 값으로, 두 집단의 분산이 동일한지 아닌지에 따라서 구하는 공식이 달라진다. 따라서 t-통계량을 구하기 전에 우선 두 집단의 분산의 동일성 여부를 검정하여야 한다.

```
> attach(Data3)
> var.test(Perf ~ Marriage)

        F test to compare two variances

data:  Perf by Marriage
F = 0.72232, num df = 322, denom df = 98, p-value = 0.03792
alternative hypothesis: true ratio of variances is not equal to 1
95 percent confidence interval:
 0.5166201 0.9822018
sample estimates:
ratio of variances
         0.7223166
```

출력결과를 살펴보면, 두 집단의 분산의 동일성 여부를 검정하는 F-통계량에 대한 유의확률은 .038로 유의수준 .05보다 작다. 따라서 두 집단의 분산이 동일하다는 귀무가설이 기각된다. 따라서 이표본 t-검정을 위한 t.test() 함수에서 두 집단의 분산이 동일하지 않을 경우에는 기본으로 설정된 var.equal=FALSE 옵션을 사용한다.

```
> t.test(Perf ~ Marriage, var.equal=FALSE)

	Welch Two Sample t-test

data:  Perf by Marriage
t = -7.3676, df = 144.05, p-value = 1.239e-11
alternative hypothesis: true difference in means is not equal to 0
95 percent confidence interval:
 -0.4942131 -0.2851326
sample estimates:
mean in group 1 mean in group 2
       3.487802        3.877475
```

출력결과를 살펴보면, 두 집단의 평균의 동일성에 대한 유의확률이 유의수준 .05보다 작기 때문에 귀무가설이 기각된다. 따라서 두 집단의 평균은 동일하지 않다고 판단한다. 이는 결혼상태에 따라서 업무성과가 다르다는 것을 의미하는 것으로, 미혼자의 업무성과 평균이 3.488이고, 기혼자의 업무성과가 3.877로 이 차이는 통계적으로 유의한 차이이며, 기혼자가 미혼자보다 업무성과가 높다는 것을 의미한다.

## 4 분산분석

**실습문제 3 분산분석**

결혼상태와 직무경력 정도에 따라서 업무성과에 차이가 있는지를 검증하시오.

[실습문제 3]은 집단변수인 결혼상태(미혼/기혼)와 직무경력(1/2/3/4)에 따라서 연속형

변수인 업무성과가 어떻게 다른지를 살펴보기 위한 것으로, 이원 분산분석 모형을 분석하는 것이다. 이원 분산분석에서 상호작용이 있을 수도 있기 때문에 우선 상호작용이 있는지 여부부터 분석할 필요가 있다.

```
> pr.out0 = lm(Perf ~ factor(Marriage) * factor(CYear), data=Data3)
> anova(pr.out0)
Analysis of Variance Table

Response: Perf
                                 Df Sum Sq Mean Sq F value    Pr(>F)
factor(Marriage)                  1 11.506 11.5060 75.2744 < 2.2e-16 ***
factor(CYear)                     3 11.424  3.8079 24.9117 7.713e-15 ***
factor(Marriage):factor(CYear)    2  0.098  0.0490  0.3203    0.7261
Residuals                       415 63.435  0.1529
---
Signif. codes:  0 '***' 0.001 '**' 0.01 '*' 0.05 '.' 0.1 ' ' 1
```

출력결과를 살펴보면, 결혼상태[factor(Marriage)]와 직무경력[factor(CYear)]의 상호작용[factor(Marriage):factor(CYear)]에 대한 유의확률이 .7261로 유의수준 .05보다 매우 크다. 따라서 결혼상태와 직무경력 간에는 상호작용이 없는 것으로 볼 수 있다.

```
> pr.out1 = lm(Perf ~ factor(Marriage) + factor(CYear), data=Data3)
> anova(pr.out1)
Analysis of Variance Table

Response: Perf
                  Df Sum Sq Mean Sq F value    Pr(>F)
factor(Marriage)   1 11.506 11.5060  75.521 < 2.2e-16 ***
factor(CYear)      3 11.424  3.8079  24.993 6.876e-15 ***
Residuals        417 63.533  0.1524
---
Signif. codes:  0 '***' 0.001 '**' 0.01 '*' 0.05 '.' 0.1 ' ' 1
```

```
> summary(pr.out1)

Call:
lm(formula = Perf ~ factor(Marriage) + factor(CYear), data = Data3)

Residuals:
     Min       1Q   Median       3Q      Max
-1.17538 -0.26164  0.01109  0.27167  1.13931

Coefficients:
                    Estimate Std. Error t value  Pr(>|t|)
(Intercept)          3.20833    0.04805  66.776  < 2e-16 ***
factor(Marriage)2    0.10531    0.05990   1.758   0.0795 .
factor(CYear)2       0.29705    0.05579   5.324 1.66e-07 ***
factor(CYear)3       0.38362    0.07017   5.467 7.91e-08 ***
factor(CYear)4       0.65222    0.07546   8.643  < 2e-16 ***
---
Signif. codes:  0 '***' 0.001 '**' 0.01 '*' 0.05 '.' 0.1 ' ' 1

Residual standard error: 0.3903 on 417 degrees of freedom
Multiple R-squared:  0.2652,    Adjusted R-squared:  0.2582
F-statistic: 37.63 on 4 and 417 DF,  p-value: < 2.2e-16
```

출력결과를 살펴보면, anova(pr.out1)에서는 결혼상태[factor(Marriage)]에 대한 유의확률이 .000으로 매우 작게 나타났지만, summary(pr.out1)에서는 기준집단인 (Marriage=1)에 비하여 (Marriage=2) 집단의 회귀계수에 대한 유의확률이 .0795로 유의수준 .05보다 크게 나타났다. 이러한 이유는 분산분석표 작성을 위한 anova() 함수는 투입된 변수의 순으로 제곱합을 계산하는 제1제곱합(type I sum of squares) 방법을 사용하고 있으며, 회귀계수에 대한 유의성 검정을 위한 summary() 함수에서는 회귀계수의 추정과 제곱합의 계산을 위해서 해당되는 변수를 제외한 다른 변수가 우선적으로 투입되고, 해당 변수는 맨 마지막에 투입이 될 경우를 위한 제3제곱합(type III sum of squares) 방법이 사용되기 때문이다[상호작용이 있을 경우에는 해당 변수가 주효과일 경우 다른 주효과가 우선적으로 투입되고 해당 주효과가 마지막에 투입이 될 경우를 위한 제2제곱합(type II sum of squares) 방법이 사용된다]. 결혼상태와 직무경력 중 어느 변수가 업무성과에 보다 큰 영향을 미치는지를 살펴보기 위하여 결혼상태와 직무경력의 순서를 바꾸어서 분석해보자.

```
> pr.out2 = lm(Perf ~ factor(CYear) + factor(Marriage), data=Data3)
> anova(pr.out2)
Analysis of Variance Table

Response: Perf
                  Df Sum Sq Mean Sq F value   Pr(>F)    
factor(CYear)      3 22.459  7.4862 49.1364 < 2e-16 ***
factor(Marriage)   1  0.471  0.4710  3.0911 0.07945 .  
Residuals        417 63.533  0.1524                    
---
Signif. codes:  0 '***' 0.001 '**' 0.01 '*' 0.05 '.' 0.1 ' ' 1
```

```
> summary(pr.out2)

Call:
lm(formula = Perf ~ factor(CYear) + factor(Marriage), data = Data3)

Residuals:
     Min       1Q   Median       3Q      Max 
-1.17538 -0.26164  0.01109  0.27167  1.13931 

Coefficients:
                  Estimate Std. Error t value Pr(>|t|)    
(Intercept)        3.20833    0.04805  66.776  < 2e-16 ***
factor(CYear)2     0.29705    0.05579   5.324 1.66e-07 ***
factor(CYear)3     0.38362    0.07017   5.467 7.91e-08 ***
factor(CYear)4     0.65222    0.07546   8.643  < 2e-16 ***
factor(Marriage)2  0.10531    0.05990   1.758   0.0795 .  
---
Signif. codes:  0 '***' 0.001 '**' 0.01 '*' 0.05 '.' 0.1 ' ' 1

Residual standard error: 0.3903 on 417 degrees of freedom
Multiple R-squared:  0.2652,	Adjusted R-squared:  0.2582 
F-statistic: 37.63 on 4 and 417 DF,  p-value: < 2.2e-16
```

출력결과를 살펴보면, anova(pr.out2)에서는 결혼상태[factor(Marriage)]에 대한 유의확률이 .07945로 나타났고, summary(pr.out2)에서도 기준집단인 (Marriage=1)에 비교한 (Marriage=2) 집단의 회귀계수에 대한 유의확률이 .07945로 동일하게 나타났다. 이러한 이유는 맨 마지막에 투입되는 변수에 대한 제곱합의 경우 분산분석표 작성을 위한 anova() 함수의 제1제곱합(type I sum of squares) 방법과 회귀계수에 대한 유의성 검정을 위한 summary() 함수의 제3제곱합(type III sum of squares) 방법 모두 동일하게 나타나기 때문이다.

이제 연구자가 취할 수 있는 방법은 두 가지이다. 연구문제가 결혼상태와 직무경력 정도에 따라서 업무성과에 차이가 있는지를 검증하는 것이기 때문에 결혼상태와 직무경력 중에서 어느 변수가 업무성과에 중요한 변수인지를 판단하는 것이 중요하다. [실습문제 3]에서는 결혼상태를 먼저 투입할 경우(pr.out1) 결혼상태에 의해서 설명되는 제곱합은 11.506이고, 직무경력에 의해서 설명되는 제곱합은 11.424로 나타났으며, 직무경력을 먼저 투입할 경우(pr.out2) 직무경력에 의해서 설명되는 제곱합은 22.459이고, 결혼상태에 의해서 설명되는 제곱합은 .471로 나타났다. 따라서 직무경력이 결혼상태보다 설명력의 관점에서 보다 중요한 변수임을 알 수 있다. 따라서 결혼상태를 제거하고 분석하는 것이 타당하다고 본다. 만일 기존의 관련된 연구에서 업무성과에 결혼상태가 매우 중요한 변수라는 일관된 결과가 있다면, 결혼상태 변수를 먼저 투입하고 추가적으로 직무경력을 투입할 경우의 변화를 살펴보는 연구가 필요하며, 이는 위계적 회귀분석의 연구 범주에 들어간다. 여기서는 [실습문제 3]에 초점을 맞추어 결혼상태를 제거하여 분석을 하고자 한다.

```
> pr.out3 = update(pr.out2, .~. - factor(Marriage))
> anova(pr.out3)
Analysis of Variance Table

Response: Perf
                Df Sum Sq Mean Sq F value    Pr(>F)
factor(CYear)    3  22.459  7.4862  48.892 < 2.2e-16 ***
Residuals      418  64.004  0.1531
---
Signif. codes:  0 '***' 0.001 '**' 0.01 '*' 0.05 '.' 0.1 ' ' 1
```

```
> summary(pr.out3)

Call:
lm(formula = Perf ~ factor(CYear), data = Data3)

Residuals:
     Min       1Q   Median       3Q      Max
-1.17979 -0.27339  0.00454  0.26021  1.24021

Coefficients:
                Estimate Std. Error t value  Pr(>|t|)
(Intercept)      3.20833    0.04817  66.610  < 2e-16 ***
factor(CYear)2   0.30146    0.05587   5.396 1.15e-07 ***
factor(CYear)3   0.41770    0.06761   6.178 1.55e-09 ***
factor(CYear)4   0.72713    0.06244  11.646  < 2e-16 ***
---
Signif. codes:  0 '***' 0.001 '**' 0.01 '*' 0.05 '.' 0.1 ' ' 1

Residual standard error: 0.3913 on 418 degrees of freedom
Multiple R-squared:  0.2598,    Adjusted R-squared:  0.2544
F-statistic: 48.89 on 3 and 418 DF,  p-value: < 2.2e-16
```

출력결과를 살펴보면, anova(pr.out3) 출력결과 직무경력의 각 집단별로 업무성과의 차이가 없다는 귀무가설은 기각되며, summary(pr.out3) 출력결과 기준집단(CYear=1)에 비하여 다른 집단의 업무성과는 차이가 나고 있다는 것을 알 수 있다. 아울러 직무경력이 증가함에 따라서 업무성과도 증가하고 있는 것을 확인할 수 있다. 하지만 각 직무경력 간 업무성과의 차이가 통계적으로 유의미한지를 확인할 필요가 있다. 이를 위해서는 **multcomp** 패키지를 사용할 수 있다.

```
> MS = factor(Data3$Marriage)
> F_CYear = factor(Data3$CYear)
> data3 = data.frame(MS, F_CYear, Data3)
>
> pr.out4 = lm(Perf ~ F_CYear, data=data3)
> anova(pr.out4)
Analysis of Variance Table

Response: Perf
           Df Sum Sq Mean Sq F value    Pr(>F)
F_CYear     3 22.459  7.4862  48.892 < 2.2e-16 ***
Residuals 418 64.004  0.1531
---
Signif. codes:  0 '***' 0.001 '**' 0.01 '*' 0.05 '.' 0.1 ' ' 1
```

```
> summary(pr.out4)

Call:
lm(formula = Perf ~ F_CYear, data = data3)

Residuals:
     Min       1Q   Median       3Q      Max
-1.17979 -0.27339  0.00454  0.26021  1.24021

Coefficients:
            Estimate Std. Error t value  Pr(>|t|)
(Intercept)  3.20833    0.04817  66.610  < 2e-16 ***
F_CYear2     0.30146    0.05587   5.396 1.15e-07 ***
F_CYear3     0.41770    0.06761   6.178 1.55e-09 ***
F_CYear4     0.72713    0.06244  11.646  < 2e-16 ***
---
Signif. codes:  0 '***' 0.001 '**' 0.01 '*' 0.05 '.' 0.1 ' ' 1

Residual standard error: 0.3913 on 418 degrees of freedom
Multiple R-squared:  0.2598,    Adjusted R-squared:  0.2544
F-statistic: 48.89 on 3 and 418 DF,  p-value: < 2.2e-16
```

summary(pr.out4) 출력결과를 토대로 업무성과에 미치는 영향력의 크기 순서로 집단을 나열하면 (CYear=1) < (CYear=2) < (CYear=3) < (CYear=4)의 순이라는 것을 알 수 있다.

```
> library(multcomp)
> pr.out5 = glht(pr.out4, linfct=mcp(F_CYear="Tukey"))
> summary(pr.out5)

         Simultaneous Tests for General Linear Hypotheses

Multiple Comparisons of Means: Tukey Contrasts


Fit: lm(formula = Perf ~ F_CYear, data = data3)

Linear Hypotheses:
             Estimate Std. Error t value  Pr(>|t|)
2 - 1 == 0    0.30146    0.05587   5.396   <0.001 ***
3 - 1 == 0    0.41770    0.06761   6.178   <0.001 ***
4 - 1 == 0    0.72713    0.06244  11.646   <0.001 ***
3 - 2 == 0    0.11624    0.05526   2.104    0.151
4 - 2 == 0    0.42567    0.04879   8.725   <0.001 ***
4 - 3 == 0    0.30943    0.06189   5.000   <0.001 ***
---
Signif. codes:  0 '***' 0.001 '**' 0.01 '*' 0.05 '.' 0.1 ' ' 1
(Adjusted p values reported -- single-step method)
```

출력결과를 살펴보면, (CYear=3) 집단과 (CYear=2) 집단 간의 업무성과의 차이가 없다는 귀무가설에 대한 유의확률은 .151로 유의하게 나타나지 않았지만, 나머지 집단 간의 업무성과의 차이는 통계적으로 유의하게 나타났다. 따라서 (CYear=1) < (CYear=2, CYear=3) < CYear=4로 집단을 구분할 수 있다.

오차의 등분산성을 확인하기 위하여 잔차에 대한 산점도를 그릴 필요가 있다.

```
> par(mfrow=c(2,2))
> plot(pr.out4)
```

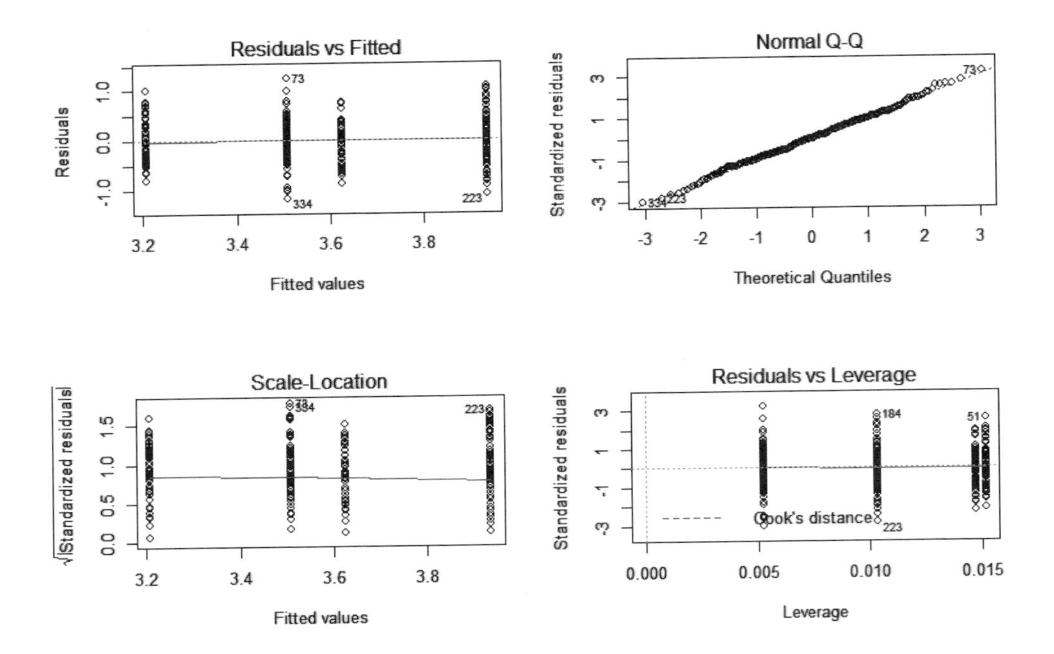


출력결과를 살펴보면, 잔차의 등분산성을 훼손하지 않는 것으로 보인다.

```
> library(car)
> durbinWatsonTest(pr.out4$residuals)
[1] 2.050964
```

잔차의 독립성을 검정하기 위한 Durbin-Watson 통계량 값이 2.05로 독립변수가 1인 경우의 상한인 1.69보다 크게 나타났다(<표 5-2 참조>). 따라서 잔차는 서로 독립이라고 판단할 수 있으며, 오차항의 독립성을 가정할 수 있다.

```
> shapiro.test(pr.out4$residuals)

        Shapiro-Wilk normality test

data:   pr.out4$residuals
W = 0.99708, p-value = 0.6579
```

잔차에 대한 정규성을 검정한 결과 유의확률이 .66으로 유의수준 .05보다 크게 나타났다. 따라서 오차의 정규성을 가정할 수 있으며, 일원 분산분석 모형을 사용하기 위한 오차에 대한 독립성, 등분산성, 정규성 가정이 만족되는 것을 확인할 수 있다. 이는 분산분석의 결과를 신뢰할 수 있다는 의미로 해석할 수 있다.

summary(pr.out4) 출력결과에서 기준이 되는 집단(CYear=1)의 비표준화 계수 B를 나타내는 Estimate 열의 값들을 살펴보면, 직무경력에 따른 집단별 업무성과(Perf)를 <표 5-2>와 같이 추정할 수 있다.

**〈표 5-2〉 추정 회귀식**

| | 추정 회귀식 |
|---|---|
| 직무경력=1 ([CYear=1.00]) | Perf=3.20833 |
| 직무경력=2 ([CYear=2.00]) | Perf=3.20833+0.30146 |
| 직무경력=3 ([CYear=3.00]) | Perf=3.20833+0.41770 |
| 직무경력=4 ([CYear=4.00]) | Perf=3.20833+0.72713 |

결론적으로 결혼상태와 직무경력 정도에 따라서 업무성과에 차이가 있는지를 검증한 결과 직무경력 정도에 따라서 업무성과에 차이가 있으며, 좀 더 구체적으로는 직무경력 1년 미만의 집단보다는 5년 미만인 집단과 10년 미만인 집단이 업무성과가 높으며, 이 집단들보다는 10년 이상인 집단의 업무성과가 높은 것으로 나타났다. 즉 업무성과의 측면에서 (1년 미만인 집단) < (1~5년 미만 집단, 5~10년 미만 집단) < (10년 이상 집단)의 관계가 발견되었다.

## 5 매개효과 분석

**실습문제 4** **매개효과 분석**

셀프리더십과 업무성과의 관계에 있어서 정서지능의 매개효과를 검증하시오.

위의 문제는 다음과 같은 매개모형을 검증하는 것이다.

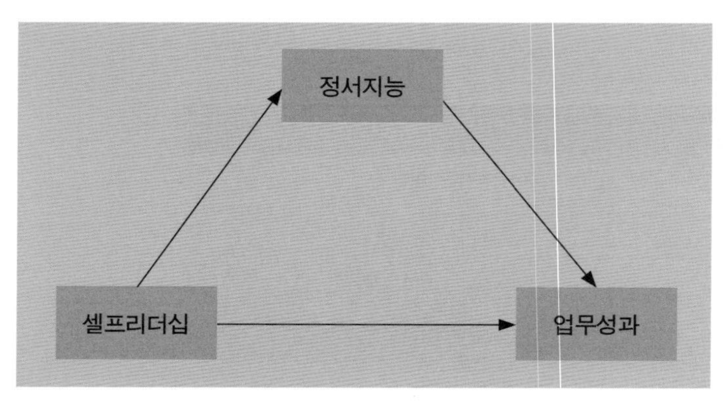


**〈그림 5-1〉 [실습문제 4]의 매개모형**

Baron & Kenny 방법에 의한 매개효과 검증은 다음과 같은 세 가지 단계로 이루어진다.

1단계: 셀프리더십과 정서지능의 관계에 대한 단순회귀모형

2단계: 셀프리더십과 업무성과의 관계에 대한 단순회귀모형

3단계: 셀프리더십, 정서지능과 업무성과의 관계에 대한 다중회귀모형

```
> library(psych)
> p4.out1 = mediate(y="Perf", x="SelfL", m="EmoQ", data=data3)
> p4.out1

Mediation analysis
Call: mediate(y = "Perf", x = "SelfL", m = "EmoQ", data = data3)

The DV (Y) was Perf . The IV (X) was SelfL . The mediating variable(s) = EmoQ .

Total Direct effect(c) of  SelfL  on  Perf = 0.56   S.E. = 0.05  t direct = 10.91
   with probability =  0
Direct effect (c') of  SelfL  on  Perf  removing  EmoQ  =  0.4   S.E. =  0.05
   t direct =  7.96   with probability =  1.6e-14
Indirect effect (ab) of  SelfL  on  Perf  through  EmoQ   =  0.17
Mean bootstrapped indirect effect =  0.17  with standard error =  0.03
   Lower CI =  0.11    Upper CI =  0.23
Summary of a, b, and ab estimates and ab confidence intervals
        a Perf   ab mean.ab ci.ablower ci.abupper
EmoQ 0.33  0.5 0.17    0.17       0.11       0.23

ratio of indirect to total effect=   0.3
ratio of indirect to direct effect=  0.42
```

출력결과를 살펴보면, 셀프리더십이 업무성과에 미치는 총효과의 크기는 b=0.56이고, 이 총효과는 셀프리더십이 업무성과에 미치는 직접효과의 크기인 c′=0.4와 간접효과의 크기인 a·b=0.33×0.5=0.17의 합과 같다는 것을 확인할 수 있다. 아울러 간접효과의 95% 신뢰구간이 (0.11, 0.23)으로 나타났다. 따라서 셀프리더십과 업무성과의 관계에서 정서지능은 매개변수 역할을 하고 있다는 것이 입증되었다.

```
> par(mfrow=c(1,1))
> mediate.diagram(p4.out1,digits=2,ylim=c(2,8),xlim=c(-1,10),main="Mediation
model")
```

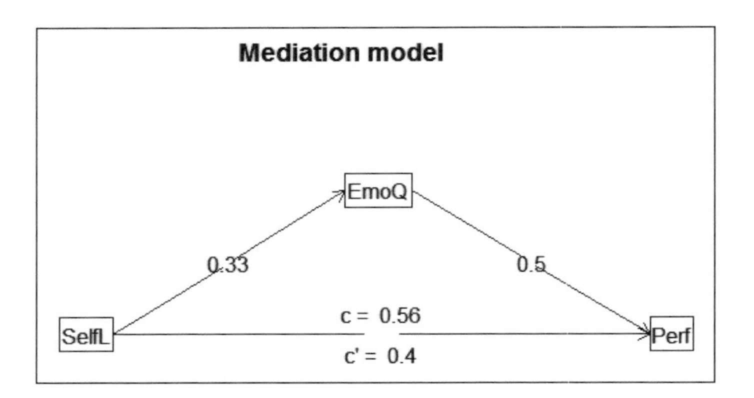


동일한 결과를 **lavaan** 패키지의 sem() 함수를 이용하여 분석할 수 있다.

```
> library(lavaan)
> p4.out2 <- '
+   # direct effect
+     Perf ~ c*SelfL
+   # mediator
+     EmoQ ~ a*SelfL
+     Perf ~ b*EmoQ
+   # indirect effect (a*b)
+     ab := a*b
+   # total effect
+     total := c + (a*b)
+ '
> p4.out3 <- sem(p4.out2, data=data3)
> summary(p4.out3)
```

```
> summary(p4.out3)
lavaan (0.5-20) converged normally after  16 iterations

  Number of observations                           422

  Estimator                                         ML
  Minimum Function Test Statistic                0.000
  Degrees of freedom                                 0

Parameter Estimates:

  Information                                 Expected
  Standard Errors                             Standard

Regressions:
                   Estimate  Std.Err  Z-value  P(>|z|)
  Perf ~
    SelfL     (c)     0.398    0.050    7.998    0.000
  EmoQ ~
    SelfL     (a)     0.331    0.044    7.571    0.000
  Perf ~
    EmoQ      (b)     0.504    0.052    9.687    0.000

Variances:
                   Estimate  Std.Err  Z-value  P(>|z|)
    Perf              0.131    0.009   14.526    0.000
    EmoQ              0.115    0.008   14.526    0.000

Defined Parameters:
                   Estimate  Std.Err  Z-value  P(>|z|)
    ab                0.167    0.028    5.965    0.000
    total             0.564    0.052   10.938    0.000
```

## 6 조절효과 분석

**실습문제 5** **조절효과 분석**

셀프리더십과 정서지능이 업무성과에 영향을 미치는 관계에서 결혼상태의 조절효과를 검증하시오.

[실습문제 5]는 연속형 독립변수인 셀프리더십 및 업무성과와 종속변수인 업무성과의 관계가 범주형 집단변수인 결혼상태에 따라서 어떻게 달라지는지를 살펴보기 위한 문제이다. 이를 위해서는 정서지능, 업무성과, 결혼상태와 이 변수들의 상호작용을 모두 고려한 모형으로부터 출발하여 통계적으로 유의하지 않은 상호작용을 제거하면서 모형을 탐색하는 방법이 적절하다.

우선적으로 연속형 변수인 셀프리더십(SelfL)과 정서지능(EmoQ) 중 어느 변수가 업무성과에 더 큰 영향을 미치는지를 파악할 필요가 있다. 이를 위해서 두 가지 모형을 우선적으로 비교한다.

```
> p5.out0 = lm(Perf ~ (SelfL + EmoQ + MS)^2, data=data3)
> anova(p5.out0)
Analysis of Variance Table

Response: Perf
             Df  Sum Sq  Mean Sq   F value      Pr(>F)
SelfL         1  19.099  19.0988  159.2885  < 2.2e-16 ***
EmoQ          1  12.254  12.2545  102.2051  < 2.2e-16 ***
MS            1   4.414   4.4143   36.8160  2.928e-09 ***
SelfL:EmoQ    1   0.000   0.0002    0.0017    0.96669
SelfL:MS      1   0.444   0.4437    3.7006    0.05508 .
EmoQ:MS       1   0.492   0.4919    4.1027    0.04345 *
Residuals   415  49.759   0.1199
---
Signif. codes:  0 '***' 0.001 '**' 0.01 '*' 0.05 '.' 0.1 ' ' 1
```

```
> p5.out1 = lm(Perf ~ (EmoQ + SelfL + MS)^2, data=data3)
> anova(p5.out1)
Analysis of Variance Table

Response: Perf
             Df Sum Sq Mean Sq  F value    Pr(>F)    
EmoQ          1 23.001 23.0007 191.8313 < 2.2e-16 ***
SelfL         1  8.353  8.3526  69.6622 1.057e-15 ***
MS            1  4.414  4.4143  36.8160 2.928e-09 ***
EmoQ:SelfL    1  0.000  0.0002   0.0017   0.96669    
EmoQ:MS       1  0.791  0.7913   6.5996   0.01055 *  
SelfL:MS      1  0.144  0.1443   1.2037   0.27321    
Residuals   415 49.759  0.1199                      
---
Signif. codes:  0 '***' 0.001 '**' 0.01 '*' 0.05 '.' 0.1 ' ' 1
```

출력결과를 살펴보면, 셀프리더십을 먼저 투입한 모형(p5.out0)의 경우 셀프리더십에 의한 제곱합은 19.099, 정서지능에 의한 제곱합은 12.254로 나타났으며, 정서지능을 먼저 투입한 모형(p5.out1)의 경우 정서지능에 의한 제곱합은 23.001, 셀프리더십에 의한 제곱합은 8.353으로 나타났다. 따라서 연속형 변수의 투입 순서는 정서지능(EmoQ), 셀프리더십(SelfL)의 순서로 투입한 모형(p5.out1)을 살펴보는 것이 타당하다.

정서지능(EmoQ), 셀프리더십(SelfL)의 순서로 투입한 모형(p5.out1)의 출력결과를 살펴보면 정서지능과 셀프리더십의 상호작용(EmoQ:SelfL)에 대한 유의확률이 .967로 유의수준 .05보다 크다. 따라서 모형에서 이 항을 제거할 필요가 있다.

```
> p5.out2 = update(p5.out1, .~. - EmoQ:SelfL)
> anova(p5.out2)
Analysis of Variance Table

Response: Perf
           Df Sum Sq Mean Sq  F value      Pr(>F)
EmoQ        1 23.001 23.0007 191.8454  < 2.2e-16 ***
SelfL       1  8.353  8.3526  69.6673  1.049e-15 ***
MS          1  4.414  4.4143  36.8187  2.919e-09 ***
EmoQ:MS     1  0.717  0.7174   5.9836    0.01485 *
SelfL:MS    1  0.102  0.1022   0.8525    0.35638
Residuals 416 49.875  0.1199
---
Signif. codes:  0 '***' 0.001 '**' 0.01 '*' 0.05 '.' 0.1 ' ' 1
```

출력결과를 살펴보면, 셀프리더십과 결혼상태의 상호작용(SelfL:MS)에 대한 유의확률이 .36으로 유의수준 .05보다 크다. 따라서 모형에서 이 항을 제거할 필요가 있다.

```
> p5.out3 = update(p5.out2, .~. - SelfL:MS)
> anova(p5.out3)
Analysis of Variance Table

Response: Perf
           Df Sum Sq Mean Sq  F value    Pr(>F)
EmoQ        1 23.001 23.0007 191.9133  < 2.2e-16 ***
SelfL       1  8.353  8.3526  69.6920  1.032e-15 ***
MS          1  4.414  4.4143  36.8317  2.895e-09 ***
EmoQ:MS     1  0.717  0.7174   5.9857    0.01483 *
Residuals 417 49.977  0.1198
---
Signif. codes:  0 '***' 0.001 '**' 0.01 '*' 0.05 '.' 0.1 ' ' 1
```

출력결과를 살펴보면, 모든 항에 대한 유의확률이 유의수준 .05보다 작다. 분산분석표는 제1제곱합 형태로 계산된 것이기 때문에, 제3제곱합 형태의 결과를 확인해 볼 필요가 있다.

```
> summary(p5.out3)

Call:
lm(formula = Perf ~ EmoQ + SelfL + MS + EmoQ:MS, data = data3)

Residuals:
     Min        1Q    Median        3Q       Max
-1.01914  -0.26145   0.00993   0.23653   1.00768

Coefficients:
             Estimate Std. Error t value  Pr(>|t|)
(Intercept)   0.90680    0.22928   3.955  8.99e-05 ***
EmoQ          0.37812    0.05773   6.549  1.70e-10 ***
SelfL         0.36271    0.04796   7.563  2.54e-13 ***
MS(2)        -0.73181    0.40299  -1.816    0.0701 .
EmoQ:MS(2)    0.26722    0.10922   2.447    0.0148 *
---
Signif. codes:  0 '***' 0.001 '**' 0.01 '*' 0.05 '.' 0.1 ' ' 1

s: 0.3462 on 417 degrees of freedom
Multiple R-squared: 0.422,
Adjusted R-squared: 0.4164
F-statistic: 76.11 on 4 and 417 DF,  p-value: < 2.2e-16
```

출력결과를 살펴보면, 기혼(MS2)인 경우 미혼(MS=1)과의 업무성과의 차이가 존재하지 않는 것으로 나타났다. MS2 변수를 모형에서 제거한다는 의미는 정서지능과 결혼상태의 상호작용을 고려하는 경우에서 주효과인 결혼상태 없이 살펴본다는 의미이다. 결혼상태를 설명변수로 투입할 경우 결혼상태에 따라서 업무성과의 절편이 다르게 나타나는 차이만이 있다. 조절효과를 입증하는 측면에서는 절편이 다르게 나타나는지 같게 나타나는지는 주요한 관심사가 아니다. 따라서 결혼상태(MS)를 모형에서 제거한(유의수준 .05를 기준으로) 모형을 살펴볼 필요가 있다.

```
> p5.out4 = update(p5.out3, .~. - MS)
> anova(p5.out4)
Analysis of Variance Table

Response: Perf
           Df Sum Sq Mean Sq F value    Pr(>F)
EmoQ        1 23.001 23.0007 190.864 < 2.2e-16 ***
SelfL       1  8.353  8.3526  69.311  1.21e-15 ***
EmoQ:MS     1  4.736  4.7364  39.304  9.05e-10 ***
Residuals 418 50.373  0.1205
---
Signif. codes:  0 '***' 0.001 '**' 0.01 '*' 0.05 '.' 0.1 ' ' 1
```

출력결과를 살펴보면, 모든 항에 대한 유의확률이 유의수준 .05보다 작다. 분산분석표는 제1제곱합 형태로 계산된 것이기 때문에, 제3제곱합 형태의 결과를 확인해 볼 필요가 있다.

```
> summary(p5.out4)

Call:
lm(formula = Perf ~ EmoQ + SelfL + EmoQ:MS, data = data3)

Residuals:
     Min       1Q   Median       3Q      Max
-1.01305 -0.25037  0.01488  0.23701  1.02310

Coefficients:
            Estimate Std. Error t value  Pr(>|t|)
(Intercept)  0.71560    0.20424   3.504 0.000508 ***
EmoQ         0.42623    0.05143   8.287 1.60e-15 ***
SelfL        0.36845    0.04799   7.678 1.15e-13 ***
EmoQ:MS(2)   0.06991    0.01115   6.269 9.05e-10 ***
---
Signif. codes:  0 '***' 0.001 '**' 0.01 '*' 0.05 '.' 0.1 ' ' 1

s: 0.3471 on 418 degrees of freedom
Multiple R-squared: 0.4174,
Adjusted R-squared: 0.4132
F-statistic: 99.83 on 3 and 418 DF,  p-value: < 2.2e-16
```

출력결과를 살펴보면, 모든 항에 대한 유의확률이 유의수준 .05보다 작다. 따라서 제1 제곱합 형태에서도 모든 항들이 통계적으로 유의미하다는 것을 확인할 수 있다.

anova(p5.out4) 출력결과를 토대로 조절효과 모형에 대한 분산분석표를 <표 5-3>과 같이 작성할 수 있다.

**〈표 5-3〉 정서지능, 셀프리더십과 업무성과의 관계에서의 결혼상태의 조절효과 분산분석표**

| 요인 | 제곱합 | 자유도 | 평균제곱합 | F-값 |
|---|---|---|---|---|
| 정서지능(EmoQ) | 23.001 | 1 | 23.001 | 190.86*** |
| 셀프리더십(SelfL) | 8.353 | 1 | 8.353 | 69.31*** |
| 정서지능과 결혼상태의 상호작용(EmoQ*MS) | 4.736 | 1 | 4.736 | 39.3*** |
| 오차 | 50.373 | 418 | 0.121 | |
| 전체(수정) | 86.462 | 421 | | |

주) *** $p < .001$

summary(p5.out4) 출력결과를 활용하여 결혼상태에 따른 업무성과(Perf)의 추정 회귀식을 작성할 수 있다. 기준집단인 미혼자(MS=1)인 경우의 업무성과는

$$Perf = 0.7156 + 0.42623 \times EmoQ + 0.36845 \times SelfL$$

으로 추정되고, 기혼자(MS2)인 경우의 업무성과는

$$\begin{aligned} Perf &= 0.7156 + (0.42623 + 0.06991) \times EmoQ + 0.36845 \times SelfL \\ &= 0.7156 + 0.49614 \times EmoQ + 0.36845 \times SelfL \end{aligned}$$

로 추정된다. 이는 미혼자의 경우 정서지능이 1점 증가할 때 업무성과는 0.426점 증가하는 것에 비하여, 기혼자의 경우에는 정서지능이 1점 증가할 때 업무성과는 0.496점 증가하는 것으로, 정서지능이 업무성과에 미치는 영향력이 미혼자보다 기혼자가 더 크다는 것을 의미한다.

조절효과 모형을 토대로 종합적인 해석과 결론을 내리는 것은 중요하다. 이에 대한 해석은 전적으로 연구자의 역량에 달려 있는 것이다. [실습문제 5]에 대한 분석결과를 토대로 가능한 종합적인 결론은, 정서지능과 셀프리더십이 업무성과에 미치는 영향력의 크기는 정서지능, 셀프리더십의 순이고, 셀프리더십의 효과를 통제한 후 정서지능이 업무성과에 미치는 영향력은 미혼자보다 기혼자의 경우에 더 크게 나타나고 있다는 것이다. 이러한 결과를 토대로 연구자는 자신의 실무적인 경험과 연구주제와 관련된 문헌연구를 토대로 한 이론적인 지식을 바탕에 둔 해석을 하여야 한다. 이러한 해석 과정을 데이터 명상(data meditation)이라고 부를 수 있다.

## 7 위계적 회귀분석

**실습문제 6** **위계적 회귀분석**

결혼상태, 직무경력, 셀프리더십, 정서지능, 조직몰입, 직무만족이 업무성과에 영향을 미치는 단계별 변화를 살펴보기 위하여 위계적 회귀분석을 아래와 같은 단계로 설정하고 분석하시오.

1단계: 결혼상태, 직무경력

2단계: 셀프리더십

3단계: 정서지능, 조직몰입

4단계: 직무만족

```
> Data3 = read.delim("c:\\Data\\Data3.txt")
> MS = factor(Data3$Marriage)
> F_CYear = factor(Data3$CYear)
> data3 = data.frame(MS, F_CYear, Data3)
>
> p6.out1 = lm(Perf ~ MS + F_CYear, data=data3)
> summary(p6.out1)

Call:
lm(formula = Perf ~ MS + F_CYear, data = data3)

Residuals:
     Min        1Q    Median        3Q       Max
-1.17538  -0.26164   0.01109   0.27167   1.13931

Coefficients:
             Estimate Std. Error t value  Pr(>|t|)
(Intercept)   3.20833    0.04805  66.776  < 2e-16 ***
MS2           0.10531    0.05990   1.758   0.0795 .
F_CYear2      0.29705    0.05579   5.324 1.66e-07 ***
F_CYear3      0.38362    0.07017   5.467 7.91e-08 ***
F_CYear4      0.65222    0.07546   8.643  < 2e-16 ***
---
Signif. codes:  0 '***' 0.001 '**' 0.01 '*' 0.05 '.' 0.1 ' ' 1

Residual standard error: 0.3903 on 417 degrees of freedom
Multiple R-squared:  0.2652,    Adjusted R-squared:  0.2582
F-statistic: 37.63 on 4 and 417 DF,  p-value: < 2.2e-16
```

```
> p6.out2 = update(p6.out1, .~. + SelfL)
> summary(p6.out2)

Call:
lm(formula = Perf ~ MS + F_CYear + SelfL, data = data3)

Residuals:
    Min      1Q  Median      3Q     Max
-0.8949 -0.2520 -0.0228  0.2427  0.9151

Coefficients:
            Estimate Std. Error t value  Pr(>|t|)
(Intercept)  1.56314    0.16421   9.519  < 2e-16 ***
MS2          0.08729    0.05348   1.632    0.103
F_CYear2     0.31604    0.04982   6.344 5.84e-10 ***
F_CYear3     0.36799    0.06264   5.875 8.67e-09 ***
F_CYear4     0.58636    0.06763   8.670  < 2e-16 ***
SelfL        0.47785    0.04604  10.379  < 2e-16 ***
---
Signif. codes:  0 '***' 0.001 '**' 0.01 '*' 0.05 '.' 0.1 ' ' 1

Residual standard error: 0.3483 on 416 degrees of freedom
Multiple R-squared:  0.4163,    Adjusted R-squared:  0.4093
F-statistic: 59.35 on 5 and 416 DF,  p-value: < 2.2e-16
```

```
> p6.out3 = update(p6.out2, .~. + EmoQ + OrgE)
> summary(p6.out3)

Call:
lm(formula = Perf ~ MS + F_CYear + SelfL + EmoQ + OrgE, data = data3)

Residuals:
     Min       1Q    Median       3Q      Max
-0.82862 -0.21152 -0.00069  0.21273  0.95696

Coefficients:
            Estimate Std. Error t value  Pr(>|t|)
(Intercept)  0.40741    0.19026   2.141  0.032829 *
MS2          0.02077    0.04890   0.425  0.671206
F_CYear2     0.32740    0.04538   7.215  2.60e-12 ***
F_CYear3     0.39336    0.05674   6.933  1.59e-11 ***
F_CYear4     0.53889    0.06128   8.794   < 2e-16 ***
SelfL        0.30975    0.04538   6.825  3.13e-11 ***
EmoQ         0.40228    0.04662   8.629   < 2e-16 ***
OrgE         0.11124    0.03034   3.667  0.000278 ***
---
Signif. codes:  0 '***' 0.001 '**' 0.01 '*' 0.05 '.' 0.1 ' ' 1

Residual standard error: 0.3146 on 414 degrees of freedom
Multiple R-squared:  0.5262,    Adjusted R-squared:  0.5181
F-statistic: 65.67 on 7 and 414 DF,  p-value: < 2.2e-16
```

```
> p6.out4 = update(p6.out3, .~. + JobS)
> summary(p6.out4)

Call:
lm(formula = Perf ~ MS + F_CYear + SelfL + EmoQ + OrgE + JobS,
    data = data3)

Residuals:
     Min       1Q   Median       3Q      Max
-0.82247 -0.20998 -0.01256  0.20464  0.98493

Coefficients:
            Estimate Std. Error t value  Pr(>|t|)
(Intercept)  0.23347    0.19352   1.206  0.228332
MS2          0.02774    0.04823   0.575  0.565597
F_CYear2     0.32558    0.04473   7.279  1.71e-12 ***
F_CYear3     0.41013    0.05611   7.309  1.40e-12 ***
F_CYear4     0.55836    0.06063   9.209   < 2e-16 ***
SelfL        0.29410    0.04493   6.545  1.76e-10 ***
EmoQ         0.37874    0.04640   8.163  4.01e-15 ***
OrgE         0.02430    0.03828   0.635  0.525927
JobS         0.18483    0.05083   3.636  0.000312 ***
---
Signif. codes:  0 '***' 0.001 '**' 0.01 '*' 0.05 '.' 0.1 ' ' 1

Residual standard error: 0.31 on 413 degrees of freedom
Multiple R-squared:  0.5409,    Adjusted R-squared:  0.532
F-statistic: 60.81 on 8 and 413 DF,  p-value: < 2.2e-16
```

출력결과를 이용하여 다음과 같이 위계적 회귀분석의 단계별 분석결과를 나타내는 <표 5-4>를 작성할 수 있다.

〈표 5-4〉 업무성과에 대한 위계적 회귀분석

| | | 비표준화 계수(B) | | | |
|---|---|---|---|---|---|
| | | 1단계 | 2단계 | 3단계 | 4단계 |
| 인구통계적 변인 | 결혼상태 기혼 더미변수 | 0.105 | 0.087 | 0.021 | 0.028 |
| | 미혼 | - | - | - | - |
| | 직무경력 1년 미만 더미 | | | | |
| | 5년 미만 | 0.297*** | 0.316*** | 0.327*** | 0.326*** |
| | 10년 미만 | 0.384*** | 0.368*** | 0.393*** | 0.410*** |
| | 10년 이상 | 0.652*** | 0.586*** | 0.539*** | 0.558*** |
| 심리적 변수 | 셀프리더십 | | 0.478*** | 0.310*** | 0.294*** |
| | 정서지능 | | | 0.402*** | 0.379*** |
| | 조직몰입 | | | 0.111*** | 0.024*** |
| | 직무만족 | | | | 0.185*** |
| $R^2$ | | .265 | .348 | .526 | .541 |
| $\Delta R^2$ | | - | .083 | .178 | .015 |
| 유의확률 | | < .001 | < .001 | < .001 | < .001 |

주) *** $p < .001$, ** $p < .01$, * $p < .05$

## 8 최적모형 탐색

### 실습문제 7 최적모형 탐색

결혼상태, 직무경력, 셀프리더십, 정서지능, 조직몰입, 직무만족이 업무성과에 영향을 미치는 관계에 대한 최적모형을 탐색하시오(유의수준은 .1로 설정하시오).

탐색적인 방법으로 찾을 수 있는 적절한 모형은 유일하지 않다. 여기서 적절하다는 의미는 설명변수가 모두 종속변수를 설명하기에 유의미하다는 의미이다. 연구자의 입장에서 최적의 모형이란 적절한 모형으로서 이론적인 측면에서 해석이 가능하고 현실을 잘 설명할 수 있으면서 간단한 모형이라고 할 수 있다. 이론적인 측면에서 해석이 가능하다는 것은 관계된 연구 분야의 연구결과와 이론에 의해서 뒷받침될 수 있어야 한다는 것이며, 현실을 잘 설명하여야 한다는 것은 연구자의 실무적이고 전문적인 경험에 의해서 그 현상이 모형에 의해서 설명될 수 있어야 한다는 의미이다. 간단한 모형의 의미는 모형에 대한 설명력이 크게 손상되지 않는다면 가능한 간단한 모형이 좀 더 용이하다는 의미이다.

[실습문제 7]에 대한 한 가지 적절한 모형에 대한 출력결과는 다음과 같다. 이는 독자가 독자적으로 찾아보기 바란다.

```
> p7.out1 = lm(Perf ~ (MS + F_CYear + SelfL + EmoQ + OrgE + JobS)^2, data=data3)
> anova(p7.out1)
Analysis of Variance Table

Response: Perf
                 Df  Sum Sq  Mean Sq  F value     Pr(>F)
MS                1  11.506  11.5060  125.2421 < 2.2e-16 ***
F_CYear           3  11.424   3.8079   41.4483 < 2.2e-16 ***
SelfL             1  13.067  13.0673  142.2364 < 2.2e-16 ***
EmoQ              1   8.165   8.1652   88.8771 < 2.2e-16 ***
OrgE              1   1.331   1.3305   14.4825 0.0001643 ***
JobS              1   1.271   1.2708   13.8324 0.0002292 ***
MS:F_CYear        2   0.043   0.0216    0.2350 0.7906885
MS:SelfL          1   0.348   0.3481    3.7890 0.0523086 .
MS:EmoQ           1   0.225   0.2253    2.4524 0.1181554
MS:OrgE           1   0.846   0.8458    9.2067 0.0025732 **
MS:JobS           1   0.004   0.0043    0.0466 0.8291741
F_CYear:SelfL     3   0.573   0.1909    2.0783 0.1025667
F_CYear:EmoQ      3   0.041   0.0136    0.1477 0.9311402
F_CYear:OrgE      3   0.252   0.0841    0.9157 0.4333197
F_CYear:JobS      3   0.608   0.2028    2.2072 0.0867765 .
SelfL:EmoQ        1   0.194   0.1936    2.1068 0.1474501
SelfL:OrgE        1   0.059   0.0591    0.6436 0.4229010
SelfL:JobS        1   0.244   0.2442    2.6586 0.1038009
EmoQ:OrgE         1   0.022   0.0218    0.2369 0.6267074
EmoQ:JobS         1   0.276   0.2763    3.0072 0.0836870 .
OrgE:JobS         1   0.225   0.2254    2.4530 0.1181141
Residuals       389  35.738   0.0919
---
Signif. codes:  0 '***' 0.001 '**' 0.01 '*' 0.05 '.' 0.1 ' ' 1
```

```
> library(mixlm)
> p7.out2 = stepWiseBack(p7.out1, alpha.enter=0.05, alpha.remove=0.05)
                              (결과 생략)
> anova(p7.out2)
Analysis of Variance Table

Response: Perf
              Df Sum Sq Mean Sq  F value    Pr(>F)    
MS             1 11.506 11.5060 124.3004 < 2.2e-16 ***
F_CYear        3 11.424  3.8079  41.1367 < 2.2e-16 ***
SelfL          1 13.067 13.0673 141.1669 < 2.2e-16 ***
EmoQ           1  8.165  8.1652  88.2088 < 2.2e-16 ***
OrgE           1  1.331  1.3305  14.3736 0.0001726 ***
JobS           1  1.271  1.2708  13.7284 0.0002405 ***
MS:JobS        1  0.659  0.6586   7.1154 0.0079484 ** 
F_CYear:OrgE   3  0.418  0.1393   1.5052 0.2126316    
F_CYear:JobS   3  1.040  0.3467   3.7459 0.0112043 *  
Residuals    406 37.582  0.0926                       
---
Signif. codes:  0 '***' 0.001 '**' 0.01 '*' 0.05 '.' 0.1 ' ' 1
```

```
> p7.out3 = update(p7.out2, .~. - F_CYear:OrgE)
> anova(p7.out3)
Analysis of Variance Table

Response: Perf
              Df Sum Sq Mean Sq  F value    Pr(>F)    
MS             1 11.506 11.5060 121.9823 < 2.2e-16 ***
F_CYear        3 11.424  3.8079  40.3695 < 2.2e-16 ***
SelfL          1 13.067 13.0673 138.5343 < 2.2e-16 ***
EmoQ           1  8.165  8.1652  86.5638 < 2.2e-16 ***
OrgE           1  1.331  1.3305  14.1056 0.0001979 ***
JobS           1  1.271  1.2708  13.4724 0.0002742 ***
MS:JobS        1  0.659  0.6586   6.9827 0.0085462 ** 
F_CYear:JobS   3  0.461  0.1537   1.6293 0.1819659    
Residuals    409 38.579  0.0943                       
---
Signif. codes:  0 '***' 0.001 '**' 0.01 '*' 0.05 '.' 0.1 ' ' 1
```

```
> p7.out4 = update(p7.out3, .~. - F_CYear:JobS)
> anova(p7.out4)
Analysis of Variance Table

Response: Perf
           Df Sum Sq Mean Sq  F value    Pr(>F)    
MS          1 11.506 11.5060 121.4259 < 2.2e-16 ***
F_CYear     3 11.424  3.8079  40.1854 < 2.2e-16 ***
SelfL       1 13.067 13.0673 137.9024 < 2.2e-16 ***
EmoQ        1  8.165  8.1652  86.1690 < 2.2e-16 ***
OrgE        1  1.331  1.3305  14.0412 0.0002044 ***
JobS        1  1.271  1.2708  13.4109 0.0002828 ***
MS:JobS     1  0.659  0.6586   6.9508 0.0086947 ** 
Residuals 412 39.040  0.0948                       
---
Signif. codes:  0 '***' 0.001 '**' 0.01 '*' 0.05 '.' 0.1 ' ' 1
```

```
> shapiro.test(p7.out4$residuals)

        Shapiro-Wilk normality test

data:  p7.out4$residuals
W = 0.99733, p-value = 0.7315
```

```
> library(car)
> vif(p7.out4)
              GVIF Df GVIF^(1/(2*Df))
MS       49.869619  1        7.061842
F_CYear   1.961579  3        1.118839
SelfL     1.260963  1        1.122926
EmoQ      1.234830  1        1.111229
OrgE      2.127912  1        1.458737
JobS      2.216772  1        1.488883
MS:JobS  51.806027  1        7.197640
```

```
> durbinWatsonTest(p7.out4$residuals)
[1] 2.083037
```

## 9 다변량 정규성 검정

**실습문제 8 다변량 정규성 검정**

셀프리더십, 정서지능, 조직몰입, 직무만족, 업무성과의 다변량 정규성을 검정하고 정규성을 만족시키지 못하는 변수에 대한 최적 변수변환 형태를 정의하시오.

```
> Data3 = read.delim("c:\\Data\\Data3.txt")
> MS = factor(Data3$Marriage)
> F_CYear = factor(Data3$CYear)
> data3 = data.frame(MS, F_CYear, Data3)
> tset3 = subset(Data3, select=c("SelfL", "EmoQ", "OrgE", "JobS", "Perf"))
>
> library(car)
> p8.out1 = powerTransform(tset3)
> summary(p8.out1)
bcPower Transformations to Multinormality

      Est.Power Std.Err. Wald Lower Bound Wald Upper Bound
SelfL    1.5868   0.3411           0.9182           2.2554
EmoQ     1.9671   0.3424           1.2960           2.6382
OrgE     0.8647   0.1749           0.5219           1.2075
JobS     0.9941   0.2526           0.4989           1.4892
Perf     1.0365   0.2897           0.4687           1.6044

Likelihood ratio tests about transformation parameters
                                  LRT df       pval
LR test, lambda = (0 0 0 0 0) 99.716230  5 0.00000000
LR test, lambda = (1 1 1 1 1) 11.714795  5 0.03891178
LR test, lambda = (1 2 1 1 1)  3.692777  5 0.59443922
```

출력결과를 살펴보면, 변수변환을 적용하지 않은 경우의 유의확률은 .0389로 유의수준 .05보다 작다. 이는 셀프리더십, 정서지능, 조직몰입, 직무만족, 업무성과는 다변량 정규분포를 따른다고 판단하기에는 무리가 있다는 것을 의미한다. 다변량 정규분포를 따르도록 셀프리더십, 정서지능, 조직몰입, 직무만족, 업무성과를 변수변환하기 위한 람다 값이 (1,2,1,1,1)인 경우의 유의확률은 .5944로 유의수준 .05보다 크게 나타났다. 이는 정서지능(EmoQ) 대신 정서지능의 값을 제곱한 값을 사용할 경우 다변량 정규성을 만족한다는 의미이다. 정서지능의 값을 제곱한 변수를 'EmoQ2'로 정의하자.

정서지능 대신 정서지능을 제곱한 변수 'EmoQ2'를 사용하여 [실습문제-4], [실습문제-5], [실습문제-7]을 분석하여 보기 바란다.

```
> attach(tset3)
> EmoQ2 = EmoQ^2
> tset3b = cbind(tset3, EmoQ2)

################ 실습문제-4 ####################################

> library(psych)
> p8.out2 = mediate(y="Perf", x="SelfL", m="EmoQ2", data=tset3b)
> p8.out2

> par(mfrow=c(1,1))
> mediate.diagram(p8.out2,digits=2,ylim=c(2,8),xlim=c(-1,10),main="Mediation
model")

################ 실습문제-5 ####################################

> p8.out3 = lm(Perf ~ (SelfL + EmoQ2 + MS)^2, data=tset3b)
> anova(p8.out3)

> p8.out4 = update(p8.out3, .~. - SelfL:EmoQ2)
> anova(p8.out4)

> p8.out5 = update(p8.out4, .~. - EmoQ2:MS)
> anova(p8.out5)

> p8.out6 = update(p8.out5, .~. - SelfL:MS)
> anova(p8.out6)
> summary(p8.out6)
```

## 10 경로분석

### 실습문제 9 경로분석

연구자는 초기 연구모형을 다음과 같이 설정하였다.

업무성과는 셀프리더십, 정서지능제곱, 조직몰입, 직무만족에 영향을 받고,

직무만족은 조직몰입과 정서지능제곱에 영향을 받고,

정서지능제곱은 셀프리더십에 영향을 받고,

조직몰입은 셀프리더십에 영향을 받는다.

연구자의 초기 연구모형을 검증하고 수정된 모형을 탐색하시오.

연구자의 초기 모형을 그림으로 나타내면 <그림 5-2>와 같다.

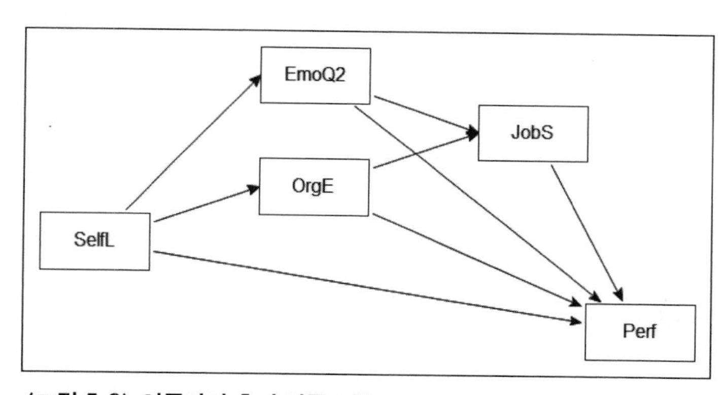


〈그림 5-2〉 연구자의 초기 연구모형

```
> rm(list=ls(all=TRUE))
>
> Data3 = read.delim("c:\\Data\\Data3.txt")
> MS = factor(Data3$Marriage)
> F_CYear = factor(Data3$CYear)
> data3 = data.frame(MS, F_CYear, Data3)
> tset3 = subset(Data3, select=c("SelfL", "EmoQ", "OrgE", "JobS", "Perf"))
>
> attach(tset3)
> EmoQ2 = EmoQ^2
> tset3b = cbind(tset3, EmoQ2)
```

[실습문제 9]는 네 개의 선형 회귀모형으로 이루어져 있다. 이를 **lavaan** 패키지의 sem() 함수를 이용하여 분석할 수 있다.

```
> library(lavaan)
This is lavaan 0.5-20
lavaan is BETA software! Please report any bugs.
> #
> p9.fit1 <- '
+   # regressions
+      Perf ~ SelfL + EmoQ2 + OrgE + JobS
+      JobS ~ OrgE + EmoQ2
+      EmoQ2 ~ SelfL
+      OrgE ~  SelfL
+ '
> p9.out1 <- sem(p9.fit1, data=tset3b)
```

```
> summary(p9.out1)
lavaan (0.5-20) converged normally after  32 iterations

  Number of observations                           422

  Estimator                                         ML
  Minimum Function Test Statistic               13.656
  Degrees of freedom                                 2
  P-value (Chi-square)                           0.001
                        (중략)
Regressions:
                   Estimate  Std.Err  Z-value  P(>|z|)
  Perf ~
    SelfL             0.323    0.051    6.309    0.000
    EmoQ2             0.066    0.007    9.148    0.000
    OrgE              0.097    0.041    2.365    0.018
    JobS              0.101    0.056    1.797    0.072
  JobS ~
    OrgE              0.456    0.026   17.516    0.000
    EmoQ2             0.018    0.006    3.109    0.002
  EmoQ2 ~
    SelfL             2.346    0.309    7.591    0.000
  OrgE ~
    SelfL             0.535    0.069    7.746    0.000
```

```
Variances:
                   Estimate  Std.Err  Z-value  P(>|z|)
    Perf              0.123    0.008   14.526    0.000
    JobS              0.092    0.006   14.526    0.000
    EmoQ2             5.732    0.395   14.526    0.000
    OrgE              0.286    0.020   14.526    0.000
```

출력결과를 살펴보면, 두 개의 다중선형 회귀모형으로 구성되어 있는 경로모형이 적절하다는 귀무가설에 대한 검정통계량의 값($\chi^2$-값)이 13.656이고, 자유도($df$)가 2이다. 일반적으로 검정통계량과 자유도의 비($\chi^2/df$)가 2 미만이면 매우 훌륭한 적합이고, 5 이하이면 경로분석 모형을 기각하기에는 증거가 불충분하다고 판단한다. 아울러 경로분석 모형이 적합하다는 귀무가설에 대한 유의확률이 .001로 유의수준 .05보다 작게 나타났다. 이는 검정하고 있는 경로모형이 적합하다는 귀무가설을 채택하기에는 근거가 미약하다는 것을 의미한다.

업무성과(Perf)를 설명하기 위하여 설정한 직무만족(JobS)의 경우 경로계수의 유의확률($p$-값)이 .072로 유의수준 .05보다 크게 나타났다. 이는 유의수준 5%에서 직무만족이 업무성과에 직접적인 영향을 미치지 못하고 있다는 것을 의미한다. 따라서 초기 연구모형을 수정할 필요가 있다.

```
> modindices(p9.out1)
     lhs op   rhs     mi    epc sepc.lv sepc.all sepc.nox
13 SelfL ~~ SelfL  0.000  0.000   0.000    0.000    0.000
17  JobS ~~ EmoQ2  2.777 -0.181  -0.181   -0.174   -0.174
18  JobS ~~  OrgE  2.777 -0.040  -0.040   -0.170   -0.170
19 EmoQ2 ~~  OrgE 10.813  0.205   0.205    0.140    0.140
20  JobS  ~  Perf  2.777  0.229   0.229    0.252    0.252
21  JobS  ~ SelfL  2.777  0.074   0.074    0.068    0.182
22 EmoQ2  ~  Perf  9.265  4.601   4.601    0.807    0.807
23 EmoQ2  ~  JobS  5.850  1.070   1.070    0.170    0.170
24 EmoQ2  ~  OrgE 10.813  0.716   0.716    0.160    0.160
25  OrgE  ~  Perf 10.093  0.509   0.509    0.399    0.399
26  OrgE  ~  JobS  0.055 -0.056  -0.056   -0.040   -0.040
27  OrgE  ~ EmoQ2 10.813  0.036   0.036    0.160    0.160
28 SelfL  ~  Perf  0.023  0.009   0.009    0.011    0.011
29 SelfL  ~  JobS  2.097  0.086   0.086    0.093    0.093
30 SelfL  ~ EmoQ2  0.000  0.000   0.000    0.000    0.000
31 SelfL  ~  OrgE  0.000  0.000   0.000    0.000    0.000
```

출력결과를 살펴보면, 수정지수의 값을 나타내는 mi 열의 값들 중에서 'EmoQ2 ~~ OrgE'과 'EmoQ2 ~ OrgE'의 값이 10.813으로 가장 크다. 가장 큰 값을 찾는 이유는 그에 해당되는 사항을 반영할 경우 통계적으로 유의한 변화가 발생할 수 있는 가능성이 가장 큰 것을 찾는 의미이다. 두 변수의 관계를 '~~'로 표시하는 것은 공분산 관계를 나타내는 것이고, '~'로 표시하는 것은 회귀직선 관계를 나타내는 것이다.[1] 정서지능제곱(EmoQ2)과 조직몰입(OrgE)의 관계를 회귀관계로 설정할 수도 있고, 공분산 관계로 설정할 수도 있다.

```
> fitmeasures(p9.out1, c("cfi", "ifi", "rmsea", "srmr", "cn_05"))
    cfi     ifi   rmsea    srmr   cn_05
  0.980   0.980   0.118   0.050 186.150
```

모형에 대한 적합도의 경우 CFI 및 IFI 값은 .9 이상, RMSEA 값은 0.05 미만, CN 값은 200 이상이면 양호한 모형으로 판단할 수 있다. 출력결과를 살펴보면 CFI 및 IFI 값은 .9 이상이지만, RMSEA 값은 0.118로 0.05보다 크고, SRMR 값은 0.05이고, CN 값은 200 미만인 것으로 나타났다. 따라서 초기 연구모형은 적합하지 않은 것으로 판단할 수 있다.

초기 연구모형에 대한 검증 결과 직무만족(JobS)이 업무성과(Perf)에 영향을 미치는 경로계수를 제거하고, 정서지능제곱(EmoQ2)과 조직몰입(OrgE)의 회귀관계 또는 공분산 관계를 설정할 수 있다는 것을 발견하였다. 여기서는 직무만족(JobS)이 업무성과(Perf)에 영향을 미치는 경로계수를 제거하고, 정서지능제곱(EmoQ2)과 조직몰입(OrgE)의 공분산 관계를 설정한 모형을 검증하기로 한다.

```
> p9.fit2 <- '
+   # regressions
+     Perf ~ SelfL + EmoQ2 + OrgE
+     JobS ~ OrgE + EmoQ2
+     EmoQ2 ~ SelfL
+     OrgE ~  SelfL
+   # covariances
+     EmoQ2 ~~ OrgE
+ '
> p9.out2 <- sem(p9.fit2, data=tset3b)
```

1 **lavaan** 패키지에 대한 정보 사이트의 http://lavaan.ugent.be/tutorial/syntax1.html 참조.

```
> summary(p9.out2)
lavaan (0.5-20) converged normally after  37 iterations

  Number of observations                           422

  Estimator                                         ML
  Minimum Function Test Statistic                2.702
  Degrees of freedom                                 1
  P-value (Chi-square)                           0.100
```

```
                              (중략)

Regressions:
                    Estimate  Std.Err  Z-value  P(>|z|)
  Perf ~
    SelfL              0.323    0.050    6.406    0.000
    EmoQ2              0.068    0.007    9.343    0.000
    OrgE               0.143    0.032    4.406    0.000
  JobS ~
    OrgE               0.456    0.027   17.028    0.000
    EmoQ2              0.018    0.006    3.022    0.003
  EmoQ2 ~
    SelfL              2.346    0.309    7.591    0.000
  OrgE ~
    SelfL              0.535    0.069    7.746    0.000

Covariances:
                    Estimate  Std.Err  Z-value  P(>|z|)
  EmoQ2 ~~
    OrgE               0.205    0.063    3.247    0.001
  Perf ~~
    JobS               0.009    0.005    1.783    0.075

Variances:
                    Estimate  Std.Err  Z-value  P(>|z|)
    Perf               0.124    0.009   14.526    0.000
    JobS               0.092    0.006   14.526    0.000
    EmoQ2              5.732    0.395   14.526    0.000
    OrgE               0.286    0.020   14.526    0.000
```

출력결과를 살펴보면, 두 개의 다중선형 회귀모형으로 구성되어 있는 경로모형이 적절하다는 귀무가설에 대한 검정통계량의 값($\chi^2$-값)이 2.702이고, 자유도($df$)가 1이다. 또한 검정통계량과 자유도의 비($\chi^2/df$)는 2.702로 5보다는 작으며, 경로분석 모형이 적합하다는 귀무가설에 대한 유의확률이 .1로 유의수준 .05보다 크게 나타났다. 이는 수정된 경로모형이 적합하다는 귀무가설을 기각하기에는 근거가 미약하다는 것을 의미한다.

업무성과(Perf)를 설명하기 위하여 설정한 다중선형 회귀모형, 직무만족(JobS)을 설명하기 위한 다중선형 회귀모형, 정서지능제곱(EmoQ2)을 설명하기 위한 단순선형 회귀모형, 조직몰입(OrgW)을 설명하기 위한 단순선형 회귀모형에 대한 경로계수들의 유의확률이 모두 .05보다 작게 나타났기 때문에 이들 경로계수들은 모두 통계적으로 유의한 것으로 볼 수 있다.

```
> modindices(p9.out2)
     lhs op    rhs    mi     epc sepc.lv sepc.all sepc.nox
14 SelfL ~~  SelfL 0.000   0.000   0.000    0.000    0.000
17  JobS ~~  EmoQ2 2.693  -0.204  -0.204   -0.194   -0.194
18  JobS ~~   OrgE 2.693  -0.044  -0.044   -0.189   -0.189
20  JobS  ~   Perf 2.693   0.222   0.222    0.244    0.244
21  JobS  ~  SelfL 2.693   0.072   0.072    0.066    0.174
22 EmoQ2  ~   Perf 2.693 -21.890 -21.890   -3.877   -3.877
23 EmoQ2  ~   JobS 2.693  -2.210  -2.210   -0.356   -0.356
25  OrgE  ~   Perf 2.693  -4.757  -4.757   -3.761   -3.761
26  OrgE  ~   JobS 2.693  -0.480  -0.480   -0.345   -0.345
28 SelfL  ~   Perf 0.023   0.009   0.009    0.011    0.011
29 SelfL  ~   JobS 2.049   0.084   0.084    0.092    0.092
30 SelfL  ~  EmoQ2 0.000   0.000   0.000    0.000    0.000
31 SelfL  ~   OrgE 0.000   0.000   0.000    0.000    0.000
>
> fitmeasures(p9.fit2, c("cfi", "ifi", "rmsea", "srmr", "cn_05"))
    cfi     ifi   rmsea    srmr   cn_05
  0.997   0.997   0.064   0.014 600.986
```

수정지수에 대한 출력결과를 살펴보면, 수정지수의 값을 나타내는 mi 열의 값들 모두 4 미만인 것으로 나타났다. 수정된 모형에 대한 적합도의 경우 CFI 및 IFI 값은 .9 이상,

RMSEA 값은 0.064로 양호한 모형의 기준인 0.05보다는 크지만 적절한 모형의 기준인 0.1보다는 작게 나타났고, SRMR 값은 0.014로 0.05보다 작게 나타났고, CN 값은 200 이상인 것으로 나타났다. 따라서 수정된 연구모형은 적합한 것으로 판단할 수 있다. 수정된 연구자의 연구모형을 그림으로 나타내면 <그림 5-3>과 같다.

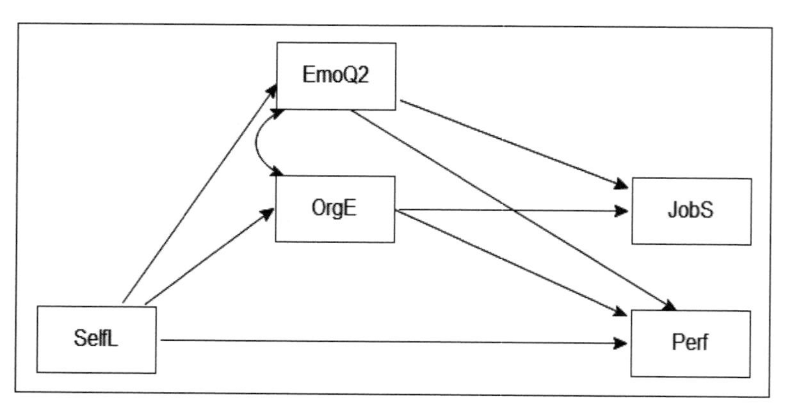


〈그림 5-3〉 **최종 연구모형**

초기 연구모형(p9.fit1)을 수정하기 위한 선택으로, 직무만족(JobS)이 업무성과(Perf)에 영향을 미치는 경로계수를 제거하고 정서지능제곱(EmoQ2)과 조직몰입(OrgE)의 회귀관계를 설정한 모형을 검증하는 방법은 다음과 같다. 그 결과 수정된 연구모형(p9.fit2)에 대한 결과와 적합도 측면에서 차이가 없기 때문에 여기서는 이에 대한 설명을 생략한다.

```
> p9.fit3 <- '
+   # regressions
+   Perf ~ SelfL + EmoQ2 + OrgE
+   JobS ~ OrgE + EmoQ2
+   EmoQ2 ~ SelfL
+   OrgE ~  SelfL + EmoQ2
+ '
> p9.out3 <- sem(p9.fit3, data=tset3b)
> summary(p9.out3)
> modindices(p9.out3)
> fitmeasures(p9.out3, c("cfi", "ifi", "rmsea", "srmr", "cn_05"))
```

참고문헌
References


김계수(2015). R-구조방정식 모델링. 한나래아카데미.

안재형(2011). R을 이용한 누구나 하는 통계분석. 한나래아카데미.

유성모(2013). 논문작성을 위한 SPSS 통계분석 쉽게 배우기, 황소걸음아카데미.

유성모(2015). 논문작성을 위한 SPSS 실전 통계분석: 매개효과, 조절효과, 위계적 회귀분석을 중심으로. 황소걸음아카데미.

이승주(2015). 임상간호사의 셀프리더십과 감성지능, 조직몰입 및 직무만족이 간호업무성과에 미치는 영향. 박사학위논문. 국제뇌교육종합대학원대학교.

Baron, R. M. and Kenny, D. A. (1986). The Moderator-Mediator Variable Distinction in Social Psychological Research: Conceptual, Strategic, and Statistical Considerations. *Journal of Personality and Social Psychology*, 51-6, 1173-1182.

Becker, R. A., Chambers, J. M., and Wilks, A. R. (1988). *The New S Language: A Programming Environment for Data Analysis and Graphics*. Wadsworth, Pacific Grove, CA.

Fox, J. (2008). *Applied Regression Analysis and Generalized Linear Models*, Second Edition. Sage.

Fox, J. and Weisberg, S. (2011). *An R Companion to Applied Regression*, Second edition, Sage.

Ihaka, R. and Gentleman, R. (1996). R: A language for data analysis and graphics. *Journal of Computational and Graphical Statistics*, 5:299-314.

Mardia, K. V. (1970). Measures of multivariate skewness and kurtosis with applications. *Biometrika*, 57(3):pp. 519-30, 1970.

Snedecor, G. W. and Cochran, W. G. (1980). *Statistical Methods*, Seventh Edition. The Iowa State University Press. p. 78-81.

Sobel, M. E. (1982). Asymptotic confidence intervals for indirect effects in structural equations models. In S. leinhart (Ed.), *Sociological methodology* 1982 (pp. 290-312). San Francisco: Jossey-Bass.

Venables, W. N. and Ripley, B. D. (1994). *Modern Applied Statistics with S-Plus*. Springer-Verlag.

Venables, W. N., Smith, D. M. and the R Core Team (2015). An Introduction to R.

## 찾아보기
Index

## 영어


A

accuracy 51

analysis of covariance 120

analysis of variance 146

B

back elimination 101

Baron & Kenny 방법 167

Box-Cox Transformation 70

Box-Cox 변환 83

C

categorical 144

categorical variable 180

coefficient of determination 28, 128

consistency 51

construct 22, 155

contingency table 142, 144

continuous variable 180

convergent validity 152

correlation coefficient 86

covariate 120

cross-loading 153

cross-sectional study 24

D

data meditation 222

dependent variable 22, 26

direct effect 169

discriminant validity 153

dummy variable 180, 185

Durbin-Watson 검정 93, 97

Durbin-Watson 통계량 94, 99, 210

E

error 27, 67, 92, 97

estimated regression line 184

experimental unit 25

explanatory factor analysis 150

explanatory variable 22, 167

F

factor 22, 155

factor correlation matrix 153

factor loading 152, 153

forward selection 101

Friedman's Test 70

H

hierarchical regression analysis 123, 127

I

independent variable 22, 26

indirect effect 169

interaction 115, 128

interaction term 180

internal consistency 155

intervening variable 22

K

Kruskal-Wallis Test 70, 113
kurtosis 68

L

latent variable 22, 155
Likert 5점 척도 198
location parameter 71

M

main effects 115
manifest variable 22, 48, 155
Mardia 검정 69
mean 75, 191
median 75, 191
mediator 22, 54, 166
moderating effect 115, 127
moderating variable 22, 179
moderator 22, 121, 179
multiple linear regression model 167

N

nominal scale 109
normal distribution 48
normality test 48
null hypothesis 29

O

observational unit 24
one-sample t-test 58
one-way analysis of variance 108
operational definition 22
outlier 80, 81

P

pared t-test 62
partial correlation analysis 88
partial correlation coefficient 89
partial mediation model 168
path analysis 160
path model 160
pattern matrix 153
percentile 192
perfect mediation model 168
population 24
precision 51

R

reliability 51, 155
research hypothesis 26
research model 26
residual 48, 67, 93, 97
response variable 22, 167

S

sample 25
sample mean 27
sample size 27
sampling 25
scatter plot 80, 93, 97
SES 123
Shapiro-Wilk 정규성 검정 68
significance level 30
significance probability 29, 30
simple linear regression analysis 92
simultaneous equations model 160
skewness 68, 72
small sample 82

Sobel 검정 170
socio-demographic variable 122
socio-economic status 123
SSE 27
SSM 27
standard error 170
statistical model 26
stepwise selection 101
sum of squares due to error 27
sum of squares due to model 27
survey study 24

T
test of homogeneity 143
test of independence 143
test statistic 29
total effect 168
total sum of squars 27
transformation 83
TSS 27
two-sample t-test 64
two-way analysis of variance 115
type III sum of squares 204
type II sum of squares 204
type I sum of squares 204

V
validity 51
variable selection method 100
variance inflation factor 98, 99
var.test 66
VIF 98, 99

W
weighted least squares 95
Wilcoxon Signed-Rank Test 70
Wilcoxon 검정 71, 75

## 한글

가
가중최소제곱 95
간접효과 169
검정통계량 29, 64
결정계수 28, 128
결합분포 82
경로계수 163, 237
경로모형 160, 162, 235
경로분석 54, 55, 82, 160, 236
공변인 120
공분산 관계 236
공분산분석 53, 120
관측단위 24
교차적재 153
구성개념 22, 155
구체적인 선형함수 관계 92
귀무가설 29, 67

나
내적 일치도 155

다
다변량 정규분포 82, 231
다변량 정규성 검정 55
다중공선성 99
다중공선성(multi-collinearity) 분석 138

다중공선성 통계량 98
다중선형관계식 52
다중선형 회귀모형 162, 167, 235
다중선형 회귀분석 97
다중회귀분석 48
단계적 선택 101
단순선형 회귀모형 168
단순선형 회귀분석 92, 97
더미변수 180, 185
데이터 명상 222
독립변수 22, 26, 47, 54, 92, 166
독립성 97
독립성 검정 55, 142, 143, 199
독립표본 t-검정 48, 123
동질성 검정 53, 142, 143, 199
등분산 검정 64
등분산성 92, 97

## 라

리커트 척도 25

## 마

매개변수 22, 26, 54, 166
매개효과 분석 55
명목척도 109
명시변수 22, 48, 155
모상관계수 87
모집단 24
모형 제곱합 27
문헌연구 127

## 바

박스-칵스 변환 70
반영적(reflective) 방법 155
반응변수 22, 47, 167
백분위수 192
범주형 144
범주형(categorical) 변수 129, 142, 180
변수 22
변수변환 53, 231
변수선택기법 100
부분매개모형 54, 166, 168
부분매개변수 54, 166
분산분석 53, 55, 82, 146
분산분석표 130, 221
분산의 동일성 여부 201
분할표 142, 144
비모수 검정 53
비모수 분석 83
비표준화 계수 170

## 사

사후분석 109, 111
산점도 93, 95, 97, 209
산포도 80
상관계수 86
상관분석 53
상태(state) 변수 128
상호작용 115, 128, 129, 203
상호작용 항 180
선형관계 49
선형모형 82
선형적인 상관관계 87
선형함수 92
선형함수 관계 50
설명력 93
설명변수 22, 47, 167
설문조사 24

소표본 82
수렴타당성 152
수정지수 162
신뢰도 155
신뢰도 계수 Alpha 155
실험단위 25
실험연구 24
실험집단 52

## 아

연구가설 21, 26, 28, 127
연구모형 21, 26, 127
연구문제 28
연구주제 19, 127
연립방정식 모형 160
연속형(continuous) 변수 129, 180
열(column) 변수 142
오차 27, 67, 92, 97
오차(error)에 대한 독립성 92, 93
오차의 등분산성 209
오차의 등분산성에 대한 검정 93
오차의 정규성 82, 93, 119
오차 제곱합 27
오차항의 독립성 210
완전매개모형 54, 166, 168
완전매개변수 54, 166
왜도 68, 72
요인 22, 155
요인 상관행렬 153
요인적재 152, 153
위계적 회귀분석 53, 55, 122, 125, 127, 206, 226
위치모수 71, 75, 113
윌콕슨 순위합 검정 70
유의수준 30, 63
유의수준 $\alpha$ 30
유의확률 29, 30
이원 분산분석 115, 203
이표본 t-검정 55, 64, 71, 108, 123, 201, 202
인구통계적 변인 122, 123
일관성 51
일원 분산분석 108, 113, 211
일원 분석모형 123
일표본 t-검정 58, 71

## 자

잔차 48, 67, 93, 97, 209, 210
잔차에 대한 정규성 211
잔차에 대한 정규성 검정 119
잔차의 등분산성 95
잔차의 정규성 검정 112
잠재변수 22, 155
전방선택 101
전체 제곱합 27, 128
정규분포 48, 58, 92
정규성 67, 93, 97
정규성(normality) 검정 48, 138
정밀성 51
정확성 51
제1제곱합 130
제1종 오류 29
제2제곱합 204
제2종 오류 30
제3제곱합 204, 218
조건부 정규분포 82
조사연구 24
조작적 정의 22

조절변수 22, 26, 55, 121, 179
조절효과 115, 127, 194, 219
조절효과 모형 115
조절효과 분석 55
조형적(formative) 방법 155
종속변수 22, 26, 47, 54, 92, 129, 166
종속변수의 변동 128
종속변수의 정규성 82
주효과 115
중위수 75, 113, 191
직접효과 169
집단의 동질성 48
짝을 이룬 t-검정 62, 71

## 차

척도분석 54
척도의 신뢰도 51
척도의 타당도 51
첨도 68
총효과 168
최적모형 탐색 55
추정된 회귀직선 137, 184

## 카

카이제곱(chi-square) 분포 143
크루스칼-왈리스 검정 70

## 타

탐색적 요인분석 150
통계모형 26
통계모형의 설명력 28
통계적 의사결정 30
통제집단 25, 52
특성(trait) 변수 128
특이치 80, 81

## 파

판별타당성 153
패턴행렬 153
편상관계수 89
편상관분석 88
평균 75, 191
평균의 동일성 여부 201
표본 25
표본상관계수 87
표본의 크기 27
표본집단 25
표본추출 25
표본평균 27
표준오차 170
표집(標集) 25
프로맥스(promax) 회전 150
프리드만 검정 70

## 하

행(row) 변수 142
확률표본추출 방법 143
회귀분석 82
회귀직선 관계 237
횡단연구 24
후진제거 101

## R 함수

alpha 159
anova 112, 119, 122, 141, 149, 196
attach 33, 81, 85, 91, 96, 100, 107, 112, 126

boxplot 76, 114
Boxplot 81
chisq.test 149
cor 91
corr.p 91
cor.test 91
data.frame 112
detach 41
durbinWatsonTest 96, 100
factanal 154
factor 107, 112, 141
fitmeasures 164
glht 112, 149
hist 76
kruskal.test 114
kurtosi 70
library 41
lm 96, 100, 107, 112, 119, 122, 126, 141, 179, 196
mardia 70
mean 33, 34
mediate 179
mediate.diagram 179
modindices 164
nrow 70, 81, 91
par 81, 96, 114, 196
partial.r 91
plot 96, 196
powerTransform 85
print 91, 154, 159
prop.table 149
qqPlot 81
quantile 196
read.delim 17, 32, 107, 112, 149
residuals 96
rm 107, 141, 149
r.test 91
scatterplot 81
sem 164, 179
shapiro.test 70, 76, 96, 112, 141
skew 70
somet 81
step 107, 141
stepWiseBack 107, 141
subset 91, 112, 154, 159
summary 85, 96, 100, 107, 112, 119, 122, 126, 141, 149, 164, 179, 196
testTransform 85
text 196
t.test 61, 63, 65
update 126, 141
vif 100, 141
wilcox.test 76
with 34, 196
xtabs 36, 149